U0631879

优等生必学的逻辑思维

——培养缜密思维

于 雷 编著

清华大学出版社

北京

内 容 简 介

本书汇集了 12 类非常经典的逻辑题和思维题,不仅详细叙述了这些经典趣味题的原型、内容、解法,还进行了纵向、横向和斜向的深度扩展。把这些经典趣味题先变换条件,再进行变形推广,或加深难度,或挖掘问题的实质,从而使读者扩大视野,增长见识;同时配以大量的练习,旨在能够更好地训练和强化我们的逻辑思维能力。

本书适合青少年阅读,也适合对逻辑思维有兴趣的读者。

图书在版编目(CIP)数据

优等生必学的逻辑思维.培养缜密思维/于雷编著.—北京:清华大学出版社,2021.3
(最强大脑思维训练系列)
ISBN 978-7-302-57231-2

Ⅰ.①优… Ⅱ.①于… Ⅲ.①逻辑思维-思维训练-青少年读物 Ⅳ.①B80-49

中国版本图书馆 CIP 数据核字(2020)第 260645 号

责任编辑:张龙卿
封面设计:徐日强
责任校对:刘 静
责任印制:宋 林

出版发行:清华大学出版社
      网   址:http://www.tup.com.cn,http://www.wqbook.com
      地   址:北京清华大学学研大厦 A 座   邮   编:100084
      社 总 机:010-62770175   邮   购:010-62786544
      投稿与读者服务:010-62776969,c-service@tup.tsinghua.edu.cn
      质量反馈:010-62772015,zhiliang@tup.tsinghua.edu.cn
印 装 者:三河市铭诚印务有限公司
经   销:全国新华书店
开   本:185mm×260mm   印   张:12.5   字   数:299 千字
版   次:2021 年 5 月第 1 版   印   次:2021 年 5 月第 1 次印刷
定   价:49.00 元

产品编号:090836-01

前言

优秀的人之所以优秀，并不在于他们有多聪明，而在于他们掌握了科学的思维方法。传统观念认为，一个人拥有逻辑思维是智商高的表现，因为逻辑思维能力强则理解能力强，思维活跃，这通常被认为是资质聪慧、反应能力佳的表现。

现今社会，逻辑思维能力越来越被人看重，不仅考 MBA 有逻辑题，而且公务员考试也开始增加逻辑题。在一些跨国公司的招聘面试中，这类逻辑训练题也经常出现。

而思维游戏为我们提供了很好的训练思维的方法，好的思维游戏不但可以使游戏者有更高的思维效率和更强的思维能力，而且还能改变思维方式，进而改变人生。

本书精选了世界上非常经典的 12 类逻辑趣题和思维名题，包括帽子问题、说谎问题、分金问题、过河问题、计时问题、称重问题、取水问题、猜数游戏、分割问题、连线问题、一笔画问题以及悖论与诡辩，详细叙述了这些经典趣题的内容、解法以及对我们的逻辑思维训练方面的益处。

除此之外，还在这 12 类问题中精选了几百个思维游戏或思维训练题，并且每一个游戏或训练题都经过了精心选择和设计，对这 12 类经典逻辑趣题进行了深度扩展。在纵向扩展中，通常会把一个问题进行拓展变形，或者变换条件来加深难度；在横向扩展中，一般会挖掘问题的实质，把一个问题的原理呈现出来，并配以类似的练习；在斜向扩展中，有些练习题目本质上与经典问题无关，只是形式上有相似之处，但它们可以让我们扩大视野，增长见识。

这些思维命题都极具代表性和独创性，看似简单，却能够锻炼我们的逻辑思维能力。在体验思维游戏或做思维题的过程中，我们需要大胆地设想，准确地判断或详尽地推理，发挥想象力和创造性，突破固有的思维模式，多角度、多层次地审视问题，找出其内在的规律和特征，以便提高我们的逻辑思维能力。

做了足够多的练习，我们就可以学会解决同类问题的常用方法和技巧，以后再遇到类似的逻辑思维题目时就可以迎刃而解。

读者通过这数百个经典逻辑思维类游戏或题目的训练，能切实提高自己的逻辑思维能力。

编　者
2021 年 3 月

目录

第一章　帽子问题

帽子问题又称帽子颜色问题，是比较经典而又非常有趣的逻辑题之一。

下面是一个经典的问题及答案。

有3顶红帽子和2顶白帽子。现在将其中3顶给排成一列纵队的3个人，每人戴上1顶，每个人都只能看到自己前面的人的帽子，而看不到自己和后面的人的帽子。同时，3个人也不知道剩下的2顶帽子的颜色（但都知道他们3个人的帽子是从3顶红帽子、2顶白帽子中取出的）。

这时，有人分别问这3个人是否知道自己戴的帽子的颜色。先问了站在最后边的人，他说不知道。接着又让中间的人说出自己戴的帽子的颜色，这个人虽然听到了后边那人的回答，但仍然说不出自己戴的是什么颜色的帽子。听了他们两人的回答后，最前面的人等别人刚问完，便答出了自己帽子的颜色。

请问最后回答的人怎么知道了自己帽子的颜色？他的帽子又是什么颜色的呢？

答案： 首先假设从前到后的3个人分别为甲、乙、丙。丙看了甲、乙戴的帽子说不知道，说明甲、乙不可能都戴了白帽子，因为只有2顶白帽子，如果甲、乙都戴了白帽子，丙一定知道自己戴了红帽子。同理，乙又说不知道，说明甲戴的不是白帽子，因为乙根据丙的回答和甲戴的帽子，无法判断出自己戴的是哪种帽子，如果甲戴的是白帽子，那么他肯定知道自己戴的是红帽子。如此一来，甲戴的肯定是红帽子，因此，甲经过逻辑推理就知道自己戴的是红帽子。

类似这种猜帽子颜色的问题还有很多，都是由此变形扩展而来的。此类问题可以很好地锻炼我们的逻辑思维能力，尤其是及时对信息进行汇集与整理，这在我们的思维过程中是非常重要的。此类问题的解题关键在于要弄清楚别人是如何想这类问题的，并懂得如果别人回答不知道时能推导出哪些结论，等等。

以上问题可以推广成如下形式。

"有若干颜色的帽子，每种颜色的又有多顶。假设有多个人从前到后站成一排，让他们每个人戴一顶帽子。每个人都看不见自己戴的帽子的颜色，而且每个人都看得见在他前面的所有人戴的帽子的颜色，却看不见他自己和后面的任何人戴的帽子的颜色。现在从最后那个人开始，问他是不是知道自己戴的帽子的颜色，如果他回答不知道，就继续问他前面那个人。一直往前问，那么一定有一个人知道自己所戴帽子的颜色。"

要想使该题目有解，还要满足以下这些特定的条件。

（1）帽子的总数一定要大于人数，否则帽子不够戴。当然，数字也要设置得合理，帽子比人数多得太多，或者队伍里只有一个人，那他是不可能说出自己戴的帽子的颜色的。

（2）应该一共有多少种颜色的帽子，每种有多少顶，有多少人，这些基本信息是队列中所有人都事先知道的。

（3）剩下的没人戴的帽子都被藏了起来，队伍里的人谁也不知道剩下了哪些颜色的帽子。

（4）他们的视力都很好，能看到前方任意远的地方，也不存在被谁挡住的问题。而且所有人都不是色盲，可以清楚地分辨颜色。

（5）不能作弊，后面的人不能和前面的人说悄悄话或者打暗号。

（6）他们每个人都足够聪明，逻辑推理能力都是极好的。只要理论上根据逻辑可以推导出来结论，他们就一定能够推导出来。相反，如果他们推不出自己头上帽子的颜色，只会诚实地回答"不知道"，绝不会乱说，或者试图去猜。

举一个例子：假设现在有 n 顶黑帽子，$n-1$ 顶白帽子，n 个人（$n>0$）。

排好队伍并戴好帽子之后，问排在队伍最后面的人头上的帽子是什么颜色时，在什么情况下他会回答"知道"？很显然，当他前面的所有人（$n-1$ 人）都戴着白帽子的时候，因为 $n-1$ 顶白帽子用完了，自己只能戴黑帽子。只要前面至少有一个人戴着黑帽子，他就无法知道自己头上帽子的颜色。

现在假设最后一个人回答"不知道"，那么我们开始问倒数第二个人。根据最后一个人的回答，倒数第二个人同样可以推理出上面的结论，即包括自己在内的前面所有人至少有一个人戴着黑帽子。如果他看到前面的人戴的都是白帽子，那么很显然，自己戴的必定是黑帽子；如果他看到前面仍然至少有一个人戴着黑帽子，那么他的回答必定还是"不知道"。

这个推理过程可以一直持续下去。当某一个人（除了最前面的一个）看到前面所有人都戴着白帽子时，他的回答就应该是"知道"；如果到了第二个人依然回答"不知道"，那么说明第二个人看到的还是一顶黑帽子，此时最前面的人就可以知道自己戴的帽子的颜色了。

除了队列最前面的一个人外，其余每个人的推理都是建立在他后面那些人的推理之上的。当一个人断定某种颜色的帽子一定在队列中出现，而他身后的所有人都回答"不知道"，即这些人都看见了这种颜色的帽子，但他却看不到这种颜色的帽子时，那么一定是这个人戴着这种颜色的帽子。这就是帽子颜色问题的关键！

纵向扩展训练营

1. 帽子的颜色

有 3 顶红帽子和 2 顶白帽子放在一起，将其中的 3 顶帽子分别戴在 A、B、C 3 个人头上，其中每人都只能看见其他 2 个人头上的帽子，但看不见自己头上戴的帽子，并且也不知道剩余的 2 顶帽子的颜色。问 A："你戴的是什么颜色的帽子？" A 回答："不知道。"接着，又以同样的问题问 B，B 想了想之后，也回答："不知道。"最后问 C，C 回答："我知道我戴的帽子是什么颜色了。"当然，C 是在听了 A、B 两人的回答之后才做出回答的。请说明 C 戴的是什么颜色的帽子。

2．选择接班人

　　有个商人想找一个接班人替他经商,他要求这个接班人必须十分聪明才行。最后选出了 A、B 两个候选人,商人为了试一试他们两个人中哪一个更聪明,就把他们带进一间伸手不见五指的黑房子里。商人边开灯边说:"这张桌子上有 5 顶帽子,2 顶是红色的,3 顶是黑色的。现在,我把灯关掉,并把帽子摆的位置搞乱,然后我们 3 个人每人摸 1 顶帽子戴在头上。当我打开电灯时,请你们尽快说出自己头上戴的帽子是什么颜色。谁先说出来,我就选谁做接班人。"

　　说完之后,商人就把灯关掉了,然后 3 个人都摸了一顶帽子戴在头上;同时,商人把余下的 2 顶帽子藏了起来。待这一切做完之后,商人重新打开电灯。这时,那两个人看到商人头上戴的是一顶红色的帽子。

　　过了一会儿,A 喊道:"我戴的是黑帽子。"那么,A 是如何推理的?

3．猜帽子

　　有 3 顶白帽子和 2 顶红帽子,一个智者让 3 个聪明人分别戴一顶,其中 1 个人可以看到其他两个人的帽子,但是看不到自己的。智者让大家说出自己戴的是什么颜色的帽子,过了一会儿没人说,又过了一会儿还是没人说,这时,大家都知道自己戴的是什么颜色的帽子了。请问这是为什么?

4．看帽子猜颜色

　　现在有 6 顶帽子,其中 3 顶是黄色的,2 顶是蓝色的,1 顶是红色的。甲、乙、丙、丁4 个人站成一队。甲排在第一位,乙排在第二位,丙排在第三位,丁排在第四位。然后给 4 个人分别戴上帽子,每个人只能看到他前面人的帽子的颜色,而看不到自己和后面人的帽子的颜色。

此时,排在最后一位的丁先说话,称不知道自己帽子的颜色;然后丙说话,称不知道自己帽子的颜色;乙说话,称也不知道自己帽子的颜色。最后甲想了想,说他知道自己帽子的颜色。

请问甲戴的帽子是什么颜色?

5．谁被释放了

有一个牢房,有 3 个犯人关在其中。因为玻璃很厚,所以 3 个人只能互相看见,而不能听到对方说话的声音。有一天,国王想了一个办法,给他们每个人头上都戴了一顶帽子,只让他们知道帽子的颜色不是白的就是黑的,不让他们知道自己所戴的帽子是什么颜色。在这种情况下,国王宣布了两条规定:

(1)谁能看到其他两个犯人戴的都是白帽子,就可以释放他。

(2)谁知道自己戴的是黑帽子,就释放他。

其实,他们戴的都是黑帽子,但因为被绑,看不见自己戴的帽子罢了。于是他们 3 个人互相盯着不说话。可是不久,较机灵的 A 用推理的方法,认定自己戴的是黑帽子。

请问他是怎样推断的?

6．红色的还是白色的

有一群人围坐在一起,为了便于分析,假定只有 4 个人(这与人数多少无关,可作同样分析)。每个人头上戴一顶帽子,帽子有红色和白色两种,每个人都看不到自己帽子的颜色,但能看到别人帽子的颜色。因此,此时他不能判定自己头上的帽子的颜色。

为了方便分析,假定这 4 个人均戴的是红色帽子。这时,一个局外人来到他们当中,对他们说:"你们其中至少一位戴的是红色的帽子。"说完之后,他问:"你们知道你们头上的帽子的颜色吗?"4 个人都说不知道。这个局外人第二次问:"你们知道你们头上的帽子的颜色吗?"4 个人又都说不知道。局外人第三次问:"你们知道你们头上的帽子的颜色吗?"4 个人又说不知道。局外人又问第四次:"你们知道你们头上的帽子的颜色吗?"这时 4 个人均说:"知道了!"

你知道这是为什么?

7．白色和黑色的纸片

甲、乙、丙、丁、戊 5 个人在玩一个游戏,他们的额头分别贴了一张纸片,纸片分黑色和白色两种。每个人都知道自己头上纸片的颜色,但是看不到,可以看到别人头上纸片的颜色。头上是白色纸片的人开始说真话,头上是黑色纸片的人开始说假话。

甲说:"我看到 3 片白色的纸片和 1 片黑色的纸片。"

乙说："我看到了4片黑色的纸片。"

丙说："我看到了3片黑色的纸片和1片白色的纸片。"

戊说："我看到了4片白色的纸片。"

你能由此推断出丁头上贴的是什么颜色的纸片吗？

8. 大赛的冠军

某电视台举办逻辑能力大赛,到了决赛阶段,有三名参赛者的分数并列第一。冠军只能有一个,主持人决定加赛一题来打破这个局面。

主持人对三位选手说："请你们三位闭上眼睛,然后,我在你们每个人头上戴1顶帽子,帽子的颜色可能是红色的,也可能是蓝色的。

在我叫你们把眼睛睁开之前,都不许睁开眼睛。"于是主持人在他们的头上各戴了一顶红帽子,然后说："现在请你们睁开眼睛,假如你看到你们三个人中有人戴的是红帽子就举手。"三个人睁开眼睛后几乎同时举起了手。主持人接着说："现在谁第一个推断出自己所戴帽子的颜色,谁就是冠军!"过了一分钟左右,其中一位参赛者喊道："我知道我戴的帽子的颜色是红色的!"

主持人说："恭喜你,答对了! 你就是这次大赛的冠军!"

请问他是怎么顺利推断出来自己所戴帽子的颜色的?

9. 聪明的俘虏

在一个集中营里关了11个俘虏,有一天,集中营的负责人说："现在集中营里人满为患,我们想释放一名俘虏。我会把你们捆在广场的柱子上,在你们头上系上一条丝巾,如果你们谁能知道自己头上系的是什么颜色的丝巾,我就释放他;如果你们谁都不知道自己头上的丝巾是什么颜色,我就让你们都在广场上饿死。"11个俘虏被蒙上眼睛带到广场上,当扯掉戴在他们眼睛上的黑布时,他们发现:有一个人被捆在正中央,还被蒙着眼;其他10个人则围成一个圈。由于中间那个人的阻挡,每个人只能看到另外9个人,而这9个人有的人戴的是红丝巾,有的人戴的是蓝丝巾。集中营的负责人说："我可以告诉你们,一共有6个人戴红丝巾,5个人戴蓝丝巾。"这些人还是大眼瞪小眼,没有人敢说自己头上的丝巾是什么颜色。负责人说："如果你们还说不出来答案,我就让你们都饿死。"这时,中间那个一直被蒙着眼的人说："我猜到了。"

请问中央那个被蒙住眼的俘虏戴的是什么颜色的丝巾?他是怎么猜到的?

横向扩展训练营

10．电梯

第二次世界大战期间，德国占领了法国巴黎。在一家旅馆内，四名客人乘坐同一部电梯。其中有一名身穿军装的纳粹军官，一位法国的爱国青年，一位漂亮的姑娘，还有一位老妇人。突然，电梯发生故障停了下来，灯也熄灭了。电梯里黑漆漆的什么都看不见。突然，只听到一声类似接吻的声音，紧接着是一巴掌打在人脸上的声音。过了一会儿电梯恢复了运行，灯也亮了，只见那名纳粹军官的脸上出现了一块被打过的痕迹。

老妇人心想："真是活该，欺负女孩子就应该有这种报应。"

姑娘心想："这个人真奇怪，他没有吻我，想必吻的是那个老太太或者那个小伙子。"

而纳粹军官心里却在想："怎么了？我什么都没做，可能是那个小伙子亲了姑娘，而姑娘却错手打了我。"

只有那名法国青年对电梯里发生的一切了如指掌。你知道到底发生了什么吗？

11．裁员还是减薪

在金融危机中，我们经常听到的名词就是"减薪"和"裁员"，那么企业在面临艰难的困境时，到底是应该选择裁员还是选择减薪呢？两者会对企业产生怎样的影响呢？

如果你拥有一家公司，你的公司正面临着资金不足的情形，就快没有足够的钱给雇员发薪水了，这时，你有两个选择：一是每人减薪 15%；二是开除 15% 的雇员。

你会怎么做呢？

12．排队买麻花

有一年秋天，我去了趟重庆，那是我第一次去重庆。在去之前，朋友告诉我，在重庆一定要去磁器口转转。我在酒店安顿好之后，马上就去了磁器口。刚到磁器口，我就看到一条条长龙似的队伍，我顿时感觉很兴奋，不知道是什么东西这么吸引人。不过，我远远地就闻到了麻花的香味。走近一看，果不其然，有很多人原来都是在排队买麻花。其中，"陈麻花"店前的队伍最长，因此我就顺势排到了队伍的后面。在百无聊赖中，我把这个场景拍了下来。

终于轮到我的时候，正好熟麻花卖完了，我只能等下一锅。不过为了一饱口福，我也只能忍受了。当然，当后来我把麻花送给家人的时候，听到他们的赞扬，我还是蛮高兴的。

这次经历给我的最大感触是：下次买麻花再也不排队了，随便找一家买就好，因为各家的口味都差不多。更让我伤心的是，在当地长大的一个朋友看了我拍的照片后告诉我，我买的并不是正宗的"陈麻花"，而隔壁那个没有人排队的"陈麻花"才是正宗的，当地人都在那家买。

请问那家冒牌的"陈麻花"为什么会招徕那么多顾客呢？

13．意想不到的老虎

有一个死囚将于第二天被处死，但国王给了他一个活下来的机会，国王说："明天将会有五扇门让你依次打开，其中一扇门内关着一只老虎，如果你能在老虎被放出来前猜到老虎被关在哪扇门内,就可以免你一死。"国王接着强调,"但是你要记住,老虎在哪扇门内绝对是你意想不到的。"

死囚为了能够活下来,苦想了很久。他想:如果明天我打开前四扇门后,老虎还没有出来,那么老虎一定在第五扇门内。但国王说这是意想不到的,因此老虎一定不在第五扇门内,这样就只剩下前四扇门。再往前推,如果我打开前三扇门,老虎还没有出来,那它一定在第四扇门内。同样因为这是意想不到的,所以老虎也不在第四扇门内,这样只可能在前三扇门内。如此再往前推,老虎也不可能在第三扇、第二扇甚至是第一扇门内。也就是说,门内根本就没有老虎!看来国王是想饶我一命。想通了这一点,死囚安心地去睡觉了。

第二天,当死囚满怀信心地去一一打开那几扇他自以为是空的门时,老虎突然从其中一扇门内(比如第三扇门)跑了出来——国王没有骗他,这确实是一只意想不到的老虎。那为什么会这样呢?死囚的推理错了吗?如果错了,又是错在哪一步呢?

14. 盗窃案

一名中国富翁在美国度假期间邀请了 10 名机智的故友到他的中国豪宅去度假,同时也是想让他们帮自己看几天家。这 10 个人分为三类,分别是小偷、平民、警察。小偷只能识别平民的身份,平民只能识别警察的身份,而警察识别不了其他人的身份。他们相互间不能揭发或暴露身份,但只有当警察抓住小偷时才能暴露身份。每个小偷一天偷一次。小偷和平民都可以写匿名检举信。如果小偷对同类施行盗窃,被偷的小偷发现物品被偷不会喊叫;如果被偷的是平民,当他发现物品被偷一定会喊叫;如果被偷的是警察,警察会当场抓住该小偷。他们分别住在二楼上共用一条走廊的 10 个单人房里,房门号是房主的姓,每个房门外右边的墙上各有一个带锁的邮箱。他们每个人都有一把自己邮箱的钥匙。每天早晨 6:00,报童在 10 个邮箱里各放一份报纸。

房间分配情况如表 1-1 所示。

表　1-1

孔	张	赵	董	王
李	林	徐	许	陈

第一天早上 9:00,刚起床的 10 个人各自在房里看完报纸后,中午 11:00 在一楼客厅里相互介绍了自己的名字后,便做自己的事情去了。这一天没有平民的叫喊和警察的枪声。

第二天与第一天一样。一位警察仍然早上 9:00 起床,在拿出自己邮箱里的报纸后回了房间,并一直看着报纸,突然,他听见 4 个人的喊叫声。然后,10 个人都集合在走廊上,并相互认识了被盗的 4 个人。之后,这位警察回到自己的房里梳理案情:自己住在陈号房,而张号、王号、李号和徐号房被盗。到底还有哪些线索?

第三天,心里烦躁的警察 6:00 就起床并去拿报纸。他打开邮箱却发现里面除了一份当天的报纸外，还有 5 封匿名检举信。警察赶紧回到房内把信摊开在桌子上，发现这 5 封信是由 5 个人分别写的。第一封信的内容是：董、许、林、孔；第二封信的内容是：林、董、赵、许；第三封信的内容是：孔、许、赵、董；第四封信的内容是：赵、董、孔、林；第五封信的内容是：许、孔、林、赵。警察思考着，突然，他抓起这 5 封信冲了出去，抓住了正在睡觉的几个小偷。可他们并不承认，当警察拿出证据时，他们就分别说出了自己藏在离豪宅不远的赃物。

如果你就是这位警察，你是如何破解这个谜案的？

15．抽卡片

有 24 张卡片，上面分别写着 1 ～ 24 个数。

有甲、乙两人，按以下规则选取卡片：轮流选取一张卡片，然后在数字前加一个正负号。卡片全部抽完后，将卡片上的 24 个数相加，会得到其和（设为 S）。

甲先开始，他选取卡片和添加符号的目的是使 S 的绝对值尽量小；乙的目的则和他相反，是使 S 的绝对值尽量大。

假如两人足够聪明，那么最后得到的 S 的绝对值是多少呢？

16．扑克游戏推理

甲、乙两人打扑克，最后两人手中各剩 8 张牌。甲吹牛说，他手里有一副"顺子"：5 张连续的牌，没有 1 张断开。乙心里却很明白他在吹牛。乙必然是根据自己手里的牌推测出甲在撒谎。请问乙手里是什么样的牌呢？

17．涂色问题

在下面的 6 个矩形长条中分别涂上红、黄、蓝三种颜色，每种颜色限涂两格，且相邻两格不同色，则不同的涂色方法共有多少种？

斜向扩展训练营

18．男孩和女孩

幼儿园里，老师组织小朋友们一起游泳。男孩子戴的是天蓝色游泳帽，女孩子戴的是粉红色游泳帽。

有趣的是：在每一个男孩子看来，天蓝色游泳帽与粉红色游泳帽一样多；而在每一个女孩子看来，天蓝色游泳帽是粉红色游泳帽的 2 倍。

请问男孩与女孩各有多少人？

19．玻璃球游戏

几个男孩在一起玩玻璃球。每个人要先从盒子里拿 12 个玻璃球。盒子中绿色的玻璃球比蓝色的少，而蓝色的玻璃球又比红色的少,因此,每个人红的要拿得最多,绿的要拿得最少,并且每种颜色的玻璃球都要拿。小明先拿了 12 个玻璃球,其他的男孩子也都照着做。盒子中只有三种颜色的玻璃球,且数量刚好够大家拿。

几个男孩子最后把球看了一下,发现拿法全都不一样,而且只有小强有 4 个蓝色玻璃球。小明对小刚说:"我的红色玻璃球比你的多。"

小刚突然说:"咦,我发现我们 3 个人的绿色玻璃球一样多啊!"

"嗯,是啊!"小华附和说,"咦,我怎么掉了一个玻璃球!"说着把脚边的一个绿色玻璃球捡了起来。

几个男孩手里总共有 26 颗红色的玻璃球。请问这里有多少个男孩? 各种颜色的玻璃球各有多少个?

20．送金鱼

陈先生非常喜欢养金鱼,他有 5 个儿子,一年的春节,5 个儿子回家,分别送给陈先生一缸金鱼。巧的是每缸中都有 8 条金鱼,而且它们的颜色分别为黄、粉、白、红,且 4 种颜色的金鱼的总数一样多。但是这 5 缸金鱼看起来却各有特色,每一缸金鱼中不同颜色的金鱼数量不都相同,而且每种颜色的金鱼至少有一条。

5 个儿子送的金鱼的情况如下:

大儿子送的金鱼中,黄色的金鱼比其余 3 种颜色的金鱼加起来还要多;

二儿子送的金鱼中,粉色的金鱼比其余任何一种颜色的金鱼都少;

三儿子送的金鱼中,黄色的金鱼和白色的金鱼之和与粉色的金鱼和红色的金鱼之和相等;

四儿子送的金鱼中,白色的金鱼是红色的金鱼的 2 倍;

小儿子送的金鱼中,红色的金鱼和粉色的金鱼一样多。

请问:每个儿子送的金鱼中,4 种颜色的金鱼各有几条?

21．6 种颜色

一个正方体的 6 个面,每个面的颜色各不相同,并且只能是红、黄、绿、蓝、黑、白这 6 种颜色。如果满足:

(1) 红色的对面是黑色。

(2) 蓝色和白色相邻。

(3) 黄色和蓝色相邻。

那么下面结论错误的是 (　　)。

A．红色与蓝色相邻

B．蓝色的对面是绿色

C．黄色与白色相邻

D．黑色与绿色相邻

22．汽车的颜色

听说娜娜买了一辆新的跑车,她的三个好朋友在一起猜测新车的颜色。

甲说:"一定不会是红色的。"

乙说:"不是银色的就是黑色的。"

丙说:"那一定是黑色的。"

以上三句话,至少有一句是对的,至少有一句是错的。

根据以上提示,你能猜出娜娜买的车是什么颜色吗?

23．彩旗的排列

路边插着一排彩旗,白色旗子和紫色旗子分别位于两端。红色旗子在黑色旗子的旁边,并且与蓝色旗子之间隔了2面旗子;黄色旗子在蓝色旗子旁边,并且与紫色旗子的距离比与白色旗子之间的距离更近;银色旗子在红色旗子旁边;绿色旗子与蓝色旗子之间隔着4面旗子;黑色旗子在绿色旗子旁边。

（1）银色旗子和红色旗子中,哪面旗子离紫色旗子较近?

（2）哪种颜色的旗子与白色旗子之间隔着2面旗子?

（3）哪种颜色的旗子在紫色旗子旁边?

（4）哪种颜色的旗子位于银色旗子和蓝色旗子之间?

24．抽屉原理

有一桶彩球,分为黄色、绿色、红色三种颜色,请你闭上眼睛抓取。

请问:至少抓取多少个就可以确定你手上肯定有至少两个同一颜色的彩球?

答　案

1．帽子的颜色

假设1:如果C看到A、B戴的都是白帽子,那么就不用想了,他戴的肯定是红帽子。但要注意的是,他是听了A、B的答案后才回答的,所以他不可能看到两个白帽子。假设1被排除。

假设2:如果C看到A和B的帽子是1红1白,如果他戴的是白帽子,由于一共只有2顶白帽子,A和B肯定有一人能答出正确答案,所以C能确定他戴的是红帽子。

假设3:如果C看到2顶红帽子,那么他一样可以确定他戴的不是白帽子,因为如果他戴的是白帽子,那么A回答完"不知道"后,B就可以答出自己的帽子是红色的,因为假设中已经提到A是红色的,C是白色的,排除了其他可能。

所以综合三个假设,可以得出C戴的帽子肯定是红色的。

2. 选择接班人

既然商人戴了红帽子，如果自己也戴的是红帽子，B 就马上可以猜到自己戴的是黑帽子（因为红帽子只有 2 顶）；既然 B 没说，那就是说自己戴的是黑帽子。

B 也是一样的，但是 B 却没说。可见，B 的反应太慢了，结果 A 做了接班人。

3. 猜帽子

学生甲、乙、丙三个人头上戴的都是白帽子，即甲、乙、丙睁开眼睛时看到另外两个人头上戴着的是白帽子，因为有 3 顶白帽子、2 顶红帽子，他们无法看到自己头上会戴着什么颜色的帽子。我们以甲为中心进行推论。

甲想假设他头上戴的是红帽子，那么乙会如此推测："甲头上戴的是红帽子，如果我头上戴的也是红帽子，那么丙立刻就会说出他头上戴的是白帽子。现在丙没有说他戴的是白帽子，则说明我头上戴的不是红帽子，即我头上戴的是白帽子。"

那么乙很快就会说出他戴的是白帽子。但是乙并没有说，说明甲自己头上戴的不是红帽子。

乙、丙的想法与甲相同，所以最终的结果是三个人异口同声地说：我头上戴的是白帽子。

4. 看帽子猜颜色

丁说不知道自己帽子的颜色，则甲、乙、丙三个人中，必定至少有一顶黄色的帽子。因为如果前面三个人帽子的颜色为 2 蓝 1 红，则丁只能戴黄色的帽子。

同理，丙说不知道，那么甲、乙两人中必定至少有一顶黄色的帽子。

同理，乙说不知道，那么甲必定戴的是黄色的帽子。

5. 谁被释放了

把三个人标记成 A、B、C。当 A 看到另外两个人戴的都是黑帽子的时候，A 会想到如果自己戴的是白帽子，而另一个犯人 B 就会看到一顶白的和一顶黑的帽子，犯人 B 就会想：如果自己戴的是白帽子，那么 C 就会看到两个戴白帽子的人，那么他就会出去，但是 C 没有出去，也就是说他没有看到两顶白帽子，那么自己头上戴的一定是黑帽子，这样 B 就会被放出来，但是 B 没有出去。同理 C 也是这样，所以 A 可以断定自己戴的是黑帽子。

6. 红色的还是白色的

当局外人未宣布"至少一个人戴的是红帽子"时，这个事实其实每个人都知道了，因为每个人看到其他 3 个人的帽子都是红色的。但每个人不知道其他人是否知道这个事实，即这个事实没有成为公共知识。而当这个局外人宣布了之后，"至少一个人的帽子是红色的"便成了公共知识。此时不仅每个人都知道"至少一个人的帽子是红色的"，每个人还知道其他人知道他知道的这个事实……

局外人第一次问时，由于每个人面对的其他 3 个人都是红色的帽子，每个人当然不能肯定自己头上的帽子是什么颜色,于是均回答"不知道"。此时,如果只有一个人戴红色的帽子,那么这个人因面对 3 顶白色的帽子,他肯定知道自己的帽子颜色。因此,当 4 个人均回答"不知道"时,意味着"至少有 2 个人戴的是红色的帽子",而且这也是公共知识。

当局外人第二次问时,如果只有 2 个人戴的是红色的帽子,这 2 个人就会回答"知道",因为他们各自面对的是 1 个戴红色帽子的人。由于每个人面对的是不止一个戴红色帽子的人,因此当局外人第二次问时,他们只能回答"不知道"。此时的"不知道",意味着"至少 3 个人戴红色的帽子",并且已成为公共知识。

同样,局外人第三次问时,4 个人均回答"不知道",意味着 4 个人均戴的是红色的帽子。因此,当局外人第四次问时,他们就知道每个人头上均戴的是红色的帽子,于是,他们回答"知道"。

在这个过程中,当局外人首先宣布"其中至少一个人的帽子是红色的",以及第二至第四次回答的时候,无论是回答"知道"还是"不知道",它们均构成公共知识,即构成所有人推理的前提。在这个过程中,每个人均在推理。这就是"帽子的颜色问题"。

7. 白色和黑色的纸片

假设戊说的是真话,"四片白色的纸片",那甲、乙、丙都该说真话,相互矛盾,即戊说的是假话,他头上是黑色的纸片。

假设乙说的是真话,"四片黑色的纸片",那么甲、丙、丁头上也是黑色的纸片,乙头上是白色的纸片,而丙说的"三黑一白"就成了真话,相互矛盾。所以乙说的也是假话,他头上是黑色的纸片。

这样就剩乙和戊两张黑色的纸片了,甲也在说假话,他头上是黑色的纸片。

如果丙说的"三黑一白"是假话,因为甲、乙、戊头上已经是黑色的纸片了,那么丁头上也该是黑色的纸片,这样乙说的"四黑"就成真话了。这样相互矛盾,所以丙说的是真话,他头上是白色的纸片。

丙说的"三黑一白"是真话,甲、乙、戊头上都是黑色的纸片,所以丁头上是白色的纸片。

8. 大赛的冠军

他是这样推论的:

设另外两个人分别为甲和乙。甲举手了,说明他和乙两人中,至少有一个人是戴红帽子。

同样,乙举手了,说明他和甲两人中,至少有一个人是戴红帽子。

如果他头上不是戴红帽子,那么,乙一定会想:"甲举了手,说明乙和我至少有一个人头上戴红帽子,现在,乙明明看到我不戴红帽子。所以,乙一定戴红帽子。"在这种情况下,乙一定会知道并说出自己戴红帽子。可是,他并没有说自己戴红帽子。可见,他头上戴的是红帽子。

同理,如果他不是戴红帽子,甲的想法也会和乙是一样的,即:"乙举了手,说明甲和我两人中至少有一个人头上戴红帽子。现在,甲明明看到我头上没戴红帽子。所以,甲一定戴了红帽子。"在这种情况下,甲一定会知道自己戴的是红帽子,可是,甲并没有这样说。所以,他头上戴的是红帽子。

9. 聪明的俘虏

因为在周围的 10 个人都看到了 9 条丝巾,他们猜不出来的原因,就是都看到了 5 条红丝巾,4 条蓝丝巾,所以猜不出自己戴的是红丝巾还是蓝丝巾。这样唯一的情况,就是中央的人戴的是红丝巾,而被中间的人挡住的那个人戴的丝巾和自己的颜色正好相反。所以,在周围的人就猜不出自己头上丝巾的颜色了。

10. 电梯

法国青年亲了自己手掌一下,然后狠狠地打了纳粹军官一耳光。因为他是爱国青年,这种行为也算是对入侵者的报复吧。

11. 裁员还是减薪

你应该选择开除部分员工,为什么呢?

如果你给每个人都减薪 15%,有些雇员可能就会跳槽到其他公司,去谋求薪水更高的职位。不幸的是,最有可能跳槽的都是你手下那些最优秀的雇员,因为他们更有可能在其他地方谋得薪水更高的职位。所以,每个人减薪 15%,会让你流失最优秀的员工,这恰恰是你最不想看到的。相比之下,如果你选择开除 15% 的员工,显然可以选择淘汰生产效率最低的那部分员工。优胜劣汰,是自然界永恒的法则。

12. 排队买麻花

这家冒牌的"陈麻花"门前之所以排长队,是因为这家店的老板经常会找一些人在门前专门排队。

当我们走到一家店门口时,看到有人在排长队,就知道一定有事情发生,我们会认为他们排队是有原因的。这很正常,因为一般只有口味很好的麻花才值得别人排这么长的队。

当多数人都选择某个店买麻花时,我们也会选择这个店。因为别人也有选择其他店的可能,但之所以没有选择,肯定是有所考虑的。

13. 意想不到的老虎

多数人认为,死囚的第一步推理是正确的,即老虎不可能在第五扇门内。实际上,即使只有一扇门,死囚也无法确定老虎是否在这扇门内,它确实是意想不到的。这是一道著名的逻辑悖论,至今仍然没有很好的解释,关键就在于"意想不到"。既然承认了意想不到的前提,那怎么能推出必然的结论呢?!

14. 盗窃案

首先,第二天有 4 个人喊叫,一定是 4 个平民的喊叫,其中不可能有小偷。可得出下面 3 种可能的情况。因为有 4 个平民被盗,1 个警察,又因为小偷一天偷一次,共有 3 个条件,所以第一种情况为:4 个小偷,4 个平民,2 个警察;第二种情况为:4 个小偷,5 个平民,1 个警察;第三种情况为:5 个小偷,4 个平民,1 个警察。

第一天,这几个小偷不约而同地偷了豪宅(除了 10 个房间以外的地方)里的东西。这也解释了为什么第二天被盗的 4 个人中一定没有小偷。

下面分析这三种情况。

第一种情况：因为 4 个平民都可以识别警察，而警察又有 2 个，并且第二天他们 4 个平民又互相认识了彼此的身份，所以，他们每个人都很清楚剩下的 4 个人一定是小偷，因此，都会写 2 封一样的匿名信，分别投进 2 个警察的信箱里。而题目中却是 5 封信，并且每封信里所包含的姓都不一样，所以第一种情况是不可能的。

第二种情况：4 个小偷，5 个平民，1 个警察。

首先，当每个被盗的平民看到外面只有 1 个警察时，这时候每个被盗的平民都不能确定剩下的 5 个人中到底是 4 个小偷和 1 个没有被盗的平民，还是 5 个人都是小偷，所以，他们无法写匿名检举信。换句话说，在 5 个平民中，只有那个没有被盗的平民知道外面有 4 个被盗的平民和 1 个警察，从而推断出剩下的 4 个人一定是小偷。他只用写一封信就够了。然而，那 4 个小偷如果看到外面有 5 个平民，那么每个小偷都能推断出那个没有被盗的平民一定会写一封信给警察。因此，他们就不约而同地做出了一件事。因为每个小偷都无法从除了自己、5 个平民以外的 4 个人中推出谁是警察，所以，他们每个人都写了 4 封信，而这 4 封信的特点是：每封信都不写自己、收信人和 4 个被盗的平民的姓，然后就把这 4 封信分别投入对应的收信人的信箱，那么，总会有一封信会被警察收到。所以，警察一共会收到 5 封信，而这 5 封信中，每封信的内容都不一样。

警察看完信，想了一会儿后马上冲出去。为什么警察要冲出去呢？肯定是他已经知道谁是小偷了。可为什么会这么着急呢？他怕小偷销毁证据。

但是警察只能推出 5 个嫌疑人中有 4 个是小偷。无法判断哪个是没有被盗的平民。

当那 4 个小偷看到有一个没有被盗的平民后，每个小偷都会知道这个平民一定会写给警察一封匿名检举信，所以这 4 个小偷都会写 4 封匿名诬告信。但是有一点可能都没有注意到：就是当小偷在写第一封信的时候，他的潜意识里已经有了 3 个人的姓，其中有一个是自己的姓，另一个是收信人的姓，但是这两个人的姓都不能写在信里。小偷一定是第一个写这个人的姓。那么还有一个人，这个人就是没有被盗的平民，因为只有他在每个小偷的脑海里是有直观印象的，而其他的 3 个人的姓靠推理，只能随机地推出一个写一个。所以，这个小偷在写每一封信的第一个姓的时候就不假思索地写下了没有被盗的平民的姓。其他的小偷都会这样想并这样做。因此，陈警察收到的 5 封信应该是：其中有 4 封信的第一个姓是一样的，只有一封信的第一个姓是不一样的，而这封第一个姓不一样的信的写信人就是没有被盗的平民。

第三种情况：5 个小偷都会写信给警察。

第一天，有 5 个小偷不约而同地偷了豪宅（除了 10 个房间以外的地方）里的东西。到了第二天，有两种可能：5 个小偷偷的是 4 个平民，有一个平民被盗两次。这 5 个小偷都认识外面的 4 个平民，每个小偷都会想：如果有 2 个警察，那么每个警察一定会收到 4 封信，每封信包含的姓是一样的。而且，每个小偷都会想到警察会想到的这些。在这种情况下，每个小偷都意识到包括自己在内的所有小偷都会被抓，所以，他们就没有必要再去写匿名诬告信。如果只有 1 个警察，那么就应该有 5 个小偷，每个小偷都知道那 4 个平民是不会给警察写信的,因为这时候每个被盗的平民都不能确定剩下的 5 个人中到底是 4 个小偷和 1 个没有被盗的平民,还是这 5 个人都是小偷,所以,他们无法写匿名诬告信。每个小偷都会想到这一点。所以,为了不被警察怀疑,每个小偷都会给警察写信。

第二天,有 4 个小偷都不约而同地偷了 4 个平民家的东西,而这个时候,另外一个小偷却还是偷了豪宅(除了 10 个房间以外的地方)里的东西。那么,偷平民家东西的那 4 个小偷的想法和上面是一样的。而那个偷豪宅的小偷,他会不会一定写匿名诬告信呢? 答案是会的,因为他能清清楚楚地推出一定有 5 个小偷(包括自己)。他也能想到其他 4 个小偷会写包含自己的姓的诬告信。如果自己不写信给警察,那么警察就会收到 4 封信,而每封信的内容里都有自己的名字,这样很容易让警察怀疑上自己。因此每个小偷都会写匿名诬告信。

所以,最终的答案是:

1 个警察——陈

4 个平民——张、王、李、徐

5 个小偷——董、许、林、孔、赵

15．抽卡片

其实很显然最后一个是乙选的,那么他想把大的留在后面(比如 24 是最后,结果一定大于 24,是绝对值),所以甲希望大的先出,乙则相反。

B 采取下面的策略。

(1) 如果 A 把 $2k-1$ (k 不等于 12) 置 +(−) 号,他就把 $2k$ 置 −(+) 号。

(2) 如果 A 把 $2k$ (k 不等于 12) 置 +(−) 号,他就把 $2k-1$ 置 −(+) 号。

(3) 如果 A 把 24 置 +(−) 号,他就把 23 置 +(−) 号。

(4) 如果 A 把 23 置 +(−) 号,他就把 24 置 +(−) 号。

结果是 36,也就是说至少是 36。

对于 A:如果 A 第一次选 1,后来 A 根据 B 的选择来定,总选择和 B 相差 1 的数,并且符号始终相反,则 A、B 各选了 11 次后,最多是 12。那么即使最后是 24 ,最多就为 36,也就是说至多是 36。

结果就是 36。

16．扑克游戏推理

4 个 5 和 4 个 10 都在乙手里。在普通的扑克游戏中,5 张的"顺子"必然要包含 5 或 10,不考虑 A 是大还是小,或者两者都算。

17．涂色问题

以第一格涂红色为例,给出树形图如图 1-1 所示。

由此得出,不同的涂色方法共有 $N=C_3^1 \times 10=30$(种)。

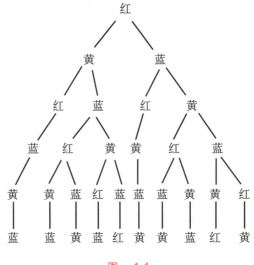

图　1-1

18．男孩和女孩

由于每个人都看不到自己头上戴的帽子，所以男孩看来是一样多，则说明男孩比女孩多一个，设女孩有 x 人，那么男孩有 $x+1$ 人。而在每一个女孩看来，天蓝色游泳帽是粉红色游泳帽的 2 倍，也就是 $2(x-1)=x+1$，解得 $x=3$。所以男孩是 4 个，女孩是 3 个。

19．玻璃球游戏

共有 4 个男孩。

因为每人拿的球中，红＞蓝＞绿，而每人拿了 12 个球，所以红色玻璃球最少要拿 5 个，最多只能拿 9 个。

红色玻璃球一共是 26 个，每人至少拿 5 个，所以最多能有 5 个人。

小强拿了 4 个蓝色玻璃球，那么他最多只能拿 7 个红色玻璃球；就算小刚和小明都拿了 9 个红色玻璃球，他们三个也只拿了 25 个红色玻璃球，少于 26 个，所以至少是 4 个人。

假设是 5 个人，那就有 4 个人拿了 5 个红色玻璃球，1 个人拿了 6 个红色玻璃球。

对于拿了 5 个红色玻璃球的人来说，蓝色玻璃球和绿色玻璃球只有一种选择：4 蓝 3 绿，和只有小强拿了 4 个蓝色玻璃球这个条件矛盾。所以是 4 个人。

拿球的组合情况如表 1-2 所示。

表　1-2

名字	红色玻璃球数	蓝色玻璃球数	绿色玻璃球数
小强	5	4	3
小刚	6	5	1
小华	7	3	2
小明	8	3	1

20．送金鱼

儿子们所送的金鱼中，各色金鱼的数量如表 1-3 所示。

表　1-3

儿子	黄色	粉色	白色	红色
大儿子	5	1	1	1
二儿子	2	1	3	2
三儿子	1	1	3	3
四儿子	1	4	2	1
小儿子	1	3	1	3

21．6 种颜色

选 C。由条件（1）可得，其余的四种颜色（黄、绿、蓝、白）为两组互为对面的颜色，又由（2）、（3）可得必定是白色与黄色为对面，蓝色与绿色为对面。所以，选 C 项。

22．汽车的颜色

如果汽车的颜色是黑色的，那么三句话都是正确的；如果汽车的颜色是银色的，那么前两句是正确的，第三句是错误的；如果汽车的颜色是红色的，那么三句话都是错误的。所以只有银色符合条件。

23．彩旗的排列

顺序依次是：紫、蓝、黄、银、红、黑、绿、白。
（1）银色旗子离紫色旗子较近。
（2）红色旗子与白色旗子隔两面旗子。
（3）蓝色旗子在紫色旗子边上。
（4）黄色旗子在银色旗子与蓝色旗子之间。

24．抽屉原理

4 个。

在最差的情况下抓 3 个至少是每种颜色的彩球各一个，所以再多抓一个，也就是 4 个，那么里面一定会有 2 个是一样颜色的。这就是最简单的"抽屉原理"。

下面解释一下"抽屉原理"，下面先看几个例子。

"任意 367 个人中，必有生日相同的人。"

"从任意 5 双手套中任取 6 只，其中至少有 2 只恰为一双手套。"

"从 1，2，…，10 中任取 6 个数，其中至少有 2 个数奇偶性不同。"

……

大家都会认为上面所述结论是正确的。这些结论是依据什么原理得出的呢？这个原理叫作抽屉原理。它的内容可以用形象的语言表述为："把 m 个东西任意放进 n 个空抽屉

里 ($m > n$)，那么一定有一个抽屉中放进了至少 2 个东西。"

在上面的第一个结论中，由于一年最多有 366 天，因此在 367 人中至少有 2 人出生在同月同日。这相当于把 367 个东西放入 366 个抽屉，至少有 2 个东西在同一个抽屉里。在第二个结论中，不妨想象将 5 双手套分别编号，即号码为 1，2，…，5 的手套各有两只，同号的两只是一双。任取 6 只手套，它们的编号至多有 5 种，因此其中至少有 2 只手套的号码相同。这相当于把 6 个东西放入 5 个抽屉，至少有 2 个东西在同一抽屉里。

第二章 说谎问题

　　说谎问题又叫真话假话问题，假定人分为两类：一类永远说真话，另一类永远说假话，根据两种人说的话来判断谁是哪类人。当然，有的时候为了增加问题的难度，会加入时而说假话、时而说真话的人。

　　下面是一个比较经典的说谎问题。

　　一个岔路口分别通向天堂和地狱。路口站着两个人，已知一个人来自天堂，另一个人来自地狱，但是不知道谁来自天堂，谁来自地狱，只知道来自天堂的人永远说实话，来自地狱的人永远说谎话。现在你要去天堂，但不知道应该走哪条路，需要问这两个人。如果只允许问一句，应该怎么问？

　　答案是这样的。随便问一个人："如果我问另一个人去天堂应该走哪条路这样的问题，他会指给我哪条路？"然后根据他的答案走相反的那条路就可以到达了。或者指着其中的一条路问其中的一个人："你认为另外一个人会说这是通往天堂的路吗？"由于他们的回答必须结合自己的和另外一个人的观点，所以他们的答案是一样的，并且都是错误的。如果你指的正好是去天堂的路，那么他们都会回答"不是"；如果指的正好是去地狱的路，他们都回答"是"。当然，还有类似的其他问法。

　　为了更好地理解这个问题，我们首先要知道什么是说谎。

　　大学快要毕业的时候，我在外面四处投简历求职。有一家公司的销售部门给了我一个面试机会，面试的时候他们向我提了很多问题，其中一个问题是："你反感偶尔撒一点谎吗？"

　　我当时实际上是反感的，尤其是反感那些为了销售成绩而把产品乱吹一气的推销员，可是转念一想，如果我照实回答"反感"的话，这份工作肯定就丢了，所以我撒了个谎，说了"不"。

　　面试完后，在回学校的路上，我回想面试时的表现，忽然反问自己："我对当时回答面试官的那句谎话反感吗？"我的回答是"不反感"。既然我对那句谎话不反感，说明我不是对一切谎话都反感，因此这么看来，面试时我回答的"不"并不是谎话，而是真话了。

　　从逻辑上讲，我当时说的是真话，因为如果说我的回答是假话，就会引起矛盾。但在当时，我确实觉得自己的回答是在撒谎。

　　从我的那次面试经历可以引申出一个问题：一个人难道不知道自己在撒谎吗？所谓"撒谎"并不是指一个人说的话不符合事实，而是指说话的人相信自己说的话是假的；即使你说的话符合事实，但只要你自己相信那是假的，那也是在撒谎。

有一个例子可以很好地说明撒谎的情况。一个精神病院的医生有心要放一个精神分裂症患者出院,决定给他做一次测谎仪检查。医生问精神病人:"你是超人吗?"病人回答:"不是。"结果测谎仪嘟嘟嘟响了起来,表示病人在撒谎。

纵向扩展训练营

25．问路

一个打柴的人在山里迷了路,无法下山,可把他吓坏了。他走了很久,这时,他来到一个三岔路口旁。遇到了三个人,他们每人站在一个路口上。打柴的人赶紧向他们问路,希望可以尽快下山。

第一个路口的人回答说:"这条路通向山下。"

第二个路口的人回答说:"这条路不通向山下。"

第三个路口的人回答说:"他们两个说的话,一句是真的,一句是假的。"

如果第三个路口的人说的话是真的,那么,这个打柴的人要选择哪一条路才能下山呢?

26．说谎国与老实国

传说古代有一个"说谎国"和一个"老实国"。老实国的人总说真话,而说谎国的人只说假话。

有一天,两个说谎国的人混在老实国人中间,想偷偷进入老实国。

他们俩和一个老实国的人进城的时候,哨兵喝问他们三人:"你们是哪个国家的人?"

甲回答说:"我是老实国的人。"

乙的声音很轻,哨兵没有听清楚,于是指着乙问丙:"你说他是哪一国的人,你又是哪一国的人?"

丙回答道:"他说他是老实国的人,我也是老实国的人。"

哨兵知道三个人中间只有一个是老实国的人,可不知道是谁。面对这样的回答,哨兵应该如何做出分析呢?

27．精灵的语言

有甲、乙、丙三个精灵,其中一个精灵只说真话;另外一个精灵只说假话;还有一个精灵随机地决定何时说真话,何时说假话。你可以向这三个精灵发问三条是非题,而你的任务是从他们的答案中找出谁说的是真话,谁说的是假话,谁是随机答话。你每次可选择任何一个精灵问话,问的问题可以取决于上一题的答案。这个难题困难的地方是这些精灵会以"Da"或"Ja"回答,但你并不知道意思,只知道其中一个字代表"对",另外一个字代表"错"。你应该问哪三个问题呢?

28．是人还是妖怪

在一个奇怪的岛上住着两类居民：人和妖怪。妖怪会变化，总是以人的状态生活。有一年这里发生了一场瘟疫，有一半的人和一半的妖怪都生了病而变得精神错乱，这样这里的居民就分成了四类：神志清醒的人、精神错乱的人、神志清醒的妖怪、精神错乱的妖怪。从外表上是无法将他们区分开的。他们的不同在于：凡是神志清醒的人总是说真话，但是一旦精神错乱了，他就只会说假话。

妖怪同人恰好相反，凡是神志清醒的妖怪都是说假话的，但是他们一旦精神错乱，反倒说起真话来。

这四类居民讲话都很干脆，他们对任何问题的回答只用两个词："是"或"不是"。

有一天，有位逻辑博士来到这个岛上。他遇见了一个居民P。逻辑博士很想知道P是属于四类居民中的哪一类，于是，他就向P提出一个问题。他根据P的回答，立即就推断出P是人还是妖怪。后来，他又提出一个问题，又推断出P是神志清醒的还是精神错乱的。

逻辑博士先后提的是哪两个问题呢？

29．回答的话

在一个奇怪的岛上有两个部落，一个部落叫诚实部落，一个部落叫说谎部落。诚实部落的人只说实话，而说谎部落的人只说假话。一个路人要找一个诚实部落的人问路，他遇到两个人，就问其中的一个："你们两个人中有诚实部落的人吗？"被问者回答了他的话，路人根据这句话，很快就判断出哪一个是诚实部落的人。你知道，被问者回答的是什么吗？

30．爱撒谎的孩子

一个孩子很爱撒谎，一周有6天在说谎，只有一天说实话。下面是他在连续3天里说的话。

第一天："我星期一、星期二撒谎。"
第二天："今天是星期四、星期六或是星期日。"
第三天："我星期三、星期五撒谎。"
请问一周中他哪天说了实话呢？

31．今天星期几

在非洲某地有两个奇怪的部落，一个部落的人在每周的一、三、五说谎；另一个部落的人在每周的二、四、六说谎，在其他日子他们都说实话。一天，一位探险家来到这里，见到两个人，向他们请教今天是星期几。两个人都没有明确告诉他，只是都说："前天是我说谎的日子。"如果这两个人分别来自两个部落，那么

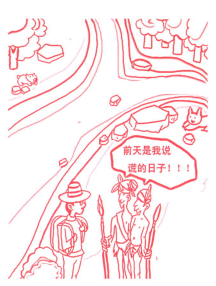

前天是我说谎的日子！！！

今天应该是星期几?

32．有几个天使

一个旅行者遇到了 3 个美女,他不知道哪个是天使,哪个是魔鬼。天使只说真话,魔鬼只说假话。

甲说:"在乙和丙之间,至少有一个是天使。"

乙说:"在丙和甲之间,至少有一个是魔鬼。"

丙说:"我只说真话。"

你能判断出有几个天使吗?

33．向双胞胎问话

有个人家有一对双胞胎小孩,哥哥是个好孩子,所有的话都是真话,弟弟是个坏孩子,只说谎话。两个小孩的父亲有个同事,知道这两个孩子的秉性。有一次这个人打电话到他家,想知道他们的父母到底在不在家。你能让这个人问一个问题就知道他们的父母是在家还是出门了吗?即使电话里听不出来接电话的是哥哥还是弟弟。

34．谁是盗窃犯

有个法院开庭审理一起盗窃案件,某地的 A、B、C 三人被押上法庭。负责审理这个案件的法官是这样想的:肯提供真实情况的不可能是盗窃犯;与此相反,真正的盗窃犯为了掩盖罪行,一定会编造口供。因此,他得出了这样的结论:说真话的肯定不是盗窃犯,说假话的肯定就是盗窃犯。审判的结果也证明了法官的这个想法是正确的。

审问开始了。

法官先问 A:"你是怎样进行盗窃的?从实招来!" A 回答了法官的问题:"叽里咕噜,叽里咕噜……" A 讲的是某地的方言,法官根本听不懂他讲的是什么意思。

法官又问 B 和 C:"刚才 A 是怎样回答我的提问的? 叽里咕噜,叽里咕噜,是什么意思? "

B 说:"禀告法官,A 的意思是说,他不是盗窃犯。"

C 说:"禀告法官,A 刚才已经招供了,他承认自己就是盗窃犯。"

B 和 C 说的话法官是能听懂的。听了 B 和 C 的话之后,这位法官马上断定:B 无罪,C 是盗窃犯。

请问:这位聪明的法官为什么能根据 B 和 C 的回答,做出这样的判断? A 是不是盗窃犯?

横向扩展训练营

35．四名证人

一位很有名望的教授被杀了,凶手在逃。经过几天的侦查,警察抓到了 A、B 两名嫌疑人,另外还有四名证人。

第一位证人张先生说:"A 是清白的。"

第二位证人李先生说:"B 为人光明磊落,他不可能杀人。"

第三位证人赵师傅说："前面两位证人的证词中,至少有一个是真的。"

最后一位证人王太太说："我可以肯定赵师傅的证词是假的。至于他有什么意图,我就不知道了。"

最后警察经过调查,证实王太太说了实话。

请问凶手究竟是谁?

36. 四个人的口供

某珠宝店发生盗窃案,抓到了甲、乙、丙、丁四个犯罪嫌疑人。下面是四个人的口供。

甲说："是乙做的。"

乙说："是甲做的。"

丙说："反正不是我。"

丁说："肯定是我们四个人中的某人做的。"

事实证明,这四个人的口供中只有一句是真话,那么谁是作案者呢?

37. 谁偷吃了蛋糕

妈妈买了一块蛋糕,准备晚饭的时候大家一起吃,可饭还没做好,就发现蛋糕被偷吃了。而屋子里只有她的四个儿子,他们的口供如下。

大儿子说："我看见蛋糕是老二偷吃的。"

二儿子说："不是我!是老三偷吃的。"

三儿子说："老二在撒谎,他是要陷害我。"

小儿子说："蛋糕是谁偷吃的我不知道,反正不是我。"

经过调查证实,四个人中只有一个人的供词是真话,其余都是假话。

请问谁偷吃了蛋糕?

38. 5个儿子

一个老财主,一辈子积攒了不少钱财。他有5个儿子,在儿子成家立业之后,财主将自己所有的财产分给了5个儿子,自己仅留了少量生活所用。若干年后,突遇一个灾荒之年,可怜的父亲要面临断炊的境地,所以不得不求助于5个儿子。

但是,经过了这么多年,有的儿子赚了不少钱,有的儿子则将家财败光了。他不知道现在哪个儿子有钱,但他知道,他们兄弟之间彼此都知道底细。

下面是老财主的5个儿子说的话。其中有钱的儿子说的都是假话,没钱的儿子说的都是真话。

老大说："老三说过,我的4个兄弟中,只有一个人有钱。"

老二说："老五说过,我的4个兄弟中,有两个人有钱。"

老三说："老四说过,我们5个兄弟都没钱。"

老四说："老大和老二都有钱。"

老五说："老三有钱,另外老大承认过他有钱。"

你能帮助这位老父亲判断出这几个儿子中谁有钱吗?

39. 男女朋友

物理系有 3 个男同学 A、B、C,他们是好朋友。而且更巧合的是,他们的女朋友甲、乙、丙三位姑娘也是好朋友。一天,6 个人结伴出去玩,遇到一个好事者,想知道他们中谁和谁是一对,于是就上前打听。

他先问 A,A 说他的女朋友是甲。

他又去问甲,甲说她的男朋友是 C。

再去问 C,C 说他的女朋友是丙。

这下可把这个人弄晕了,原来三个人都没有说真话。

你能推出谁和谁是男女朋友吗?

40. 盒子里的东西

在桌子上放着 A、B、C、D 四个盒子。每个盒子上都有一张纸条,分别写着一句话。

A 盒子上写着:"所有的盒子里都有水果。"

B 盒子上写着:"本盒子里有香蕉。"

C 盒子上写着:"本盒子里没有梨。"

D 盒子上写着:"有些盒子里没有水果。"

如果这里只有一句话是真的,你能断定哪个盒子里有水果吗?

41. 谁通过的六级

关于一个班的英语六级通过情况有如下陈述。

(1) 班长通过了。

(2) 该班所有人都通过了。

(3) 有些人通过了。

(4) 有些人没有通过。

经过详细调查,发现上述断定只有两个是真的,可见(　　)。

A. 该班有人通过了,但也有人没有通过

B. 班长通过了

C. 所有人都通过了

D. 所有人都没有通过

42. 谁及格了

有一家有 5 个儿子,他们的成绩都不是很好,爸爸总是为他们能否考试及格而发愁。一次期末考试之后,爸爸又询问孩子们的成绩。他不知道哪个儿子考试没及格,但他知道,这些孩子之间彼此知道底细,且考试没及格的人肯定会说假话,考试及格的人才会说真话。

老大说："老三说过，我的4个兄弟中，只有一个考试没及格。"

老二说："老五说过，我的4个兄弟中，有两个考试没及格。"

老三说："老四说过，我们兄弟5个都考试及格了。"

老四说："老大和老二考试都没及格。"

老五说："老三考试没及格，另外老大承认过他考试没及格。"

你知道5个儿子中谁考试没及格吗？

43. 谁寄的钱

某公司有人爱做善事，经常捐款捐物，而每次都只留公司名不留人名。一次该公司收到感谢信，要求找出此人。该公司在查找过程中，听到以下6句话。

（1）这钱或者是赵风寄的，或者是孙海寄的。

（2）这钱如果不是王强寄的，就是张林寄的。

（3）这钱是李强寄的。

（4）这钱不是张林寄的。

（5）这钱肯定不是李强寄的。

（6）这钱不是赵风寄的，也不是孙海寄的。

事后证明，这6句话中只有2句话是假的，请根据以上条件确定匿名捐款人。

斜向扩展训练营

44. 真真假假

A、B、C三人的名字分别叫真真、假假、真假（不对应），真真只说真话，假假只说假话，而真假有时说真话有时说假话。

有一个人遇到了他们，于是问A："请问，B叫什么名字？"A回答说："他叫真真。"

这个人又问B："你叫真真吗？"B回答说："不，我叫假假。"

这个人又问C："B到底叫什么？"C回答说："他叫真假。"

请问：你知道A、B、C中谁是真真，谁是假假，谁是真假吗？

45. 谁在说谎

有甲、乙、丙三人，甲说乙在说谎，乙说丙在说谎，丙说甲和乙都在说谎。

请问到底谁在说谎？

46. 两兄弟

小姨带着她的双胞胎儿子来看望小红，两个小孩除了一个人穿红衣服、一个人穿蓝衣服外，其他都一模一样。小红看了很是高兴，左瞅瞅、右瞅瞅，就问他们谁是哥哥、谁是弟弟。穿红衣服的小孩说："我是哥哥。"另一个穿蓝衣服的小孩说："我是弟弟。"小姨在旁边咯咯地笑："小红,他们中至少有一个在撒谎。"那么,你能帮小红判断出谁是哥哥吗?

47．谁是哥哥

有兄弟二人,哥哥上午说实话,下午说谎话;弟弟正好相反,上午说谎话,下午说实话。

有一个人问这兄弟二人:"你们谁是哥哥?"

较胖的人说:"我是哥哥。"

较瘦的人也说:"我是哥哥。"

那个人又问:"现在几点了?"

较胖的说:"快到中午了。"

较瘦的说:"已经过中午了。"

请问:现在是上午还是下午?谁是哥哥?

48．该释放了谁

有一个侦探逮捕了5名嫌疑犯 A、B、C、D、E。但这5个人供出的作案地点有出入。进一步审讯他们之后,他们分别提出了如下的申明。

A:5个人中有1个人说谎。

B:5个人中有2个人说谎。

C:5个人中有3个人说谎。

D:5个人中有4个人说谎。

E:5个人全说谎。

但只能释放说真话的人,该释放哪几个人呢?

49．寻找八路军

抗日战争时期,华北平原某县,日本鬼子把全县城 2000 个人赶到一个广场上让这些人交代八路军的下落,被逼之下,老百姓每人说出一个八路军的藏身之处,2000 个人说辞各不相同。再进一步拷打,日本鬼子得到了以下回答。

第 1 个人:"2000 个人中有 1 个人在说谎。"

第 2 个人:"2000 个人中有 2 个人在说谎。"

第 3 个人:"2000 个人中有 3 个人在说谎。"

  ⋮

第 1999 个人:"2000 个人中有 1999 个人在说谎。"

第 2000 个人:"2000 个人都在说谎。"

你知道谁是汉奸吗?他对日本鬼子说实话了吗?

50．三人聚会

三人聚会,每人只说了一句话。

张三:"李四说谎。"

李四:"王五说谎。"

王五：“张三和李四都说谎。”

请问：谁说谎？谁没说谎？

51. 相互牵制的僵局

三位嫌疑人对同一件案件进行辩解，其中有人说谎，有人说实话。警察最后一次向他们求证。

问甲："乙在说谎吗？"甲回答说："不，乙没有说谎。"

问乙："丙在说谎吗？"乙回答说："是的，丙在说谎。"

那么，警察问丙："甲在说谎吗？"

请问丙会怎么回答呢？

52. 不同部落间的通婚

完美岛上有两个部落，其中一个部落叫诚实部落（总讲真话），另一个部落叫说谎部落（从不讲真话）。一个诚实部落的人同一个说谎部落的人结了婚，这段婚姻非常美满，夫妻双方在多年的生活中受到了对方性格的影响。诚实部落的人已习惯于每讲三句真话就讲一句假话，而说谎部落的人则已习惯于每讲三句假话就要讲一句真话。他们生下一个儿子，这个孩子具有这两个部落人的性格（真话、假话交替着讲）。

另外，这一对夫妻同他们的儿子每人都有一个部落号，且号码各不相同。这三个人的名字分别叫阿尔法、贝塔、伽马。

3 个人各说了 4 句话，但却不知道是谁说的（诚实部落的人讲的是 1 句假话，3 句真话；说谎部落的人讲的是 1 句真话，3 句假话；孩子讲的是真、假话各两句，并且真、假话交替）。

他们讲的话如下。

A：

（1）阿尔法的号码是 3 个人中最大的。

（2）我过去是诚实部落的。

（3）B 是我的妻子。

（4）我的部落号比 B 的大 22。

B：

（1）A 是我的儿子。

（2）我的名字是阿尔法。

（3）C 的部落号是 54 或 78 或 81。

（4）C 过去是说谎部落的。

C：

（1）贝塔的部落号比伽马的大 10。

（2）A 是我的父亲。

（3）A 的部落号是 66 或 68 或 103。

（4）B 过去是诚实部落的。

找出 A、B、C 3 个人中谁是父亲，谁是母亲，谁是儿子，以及他们各自的名字和他们的部落号。

答　案

25. 问路

走第三条路。

如果第一个路口的人说的是真话,那么它就是出口,这样第二个路口的人说的话也是正确的,这和只有一句话是真话相互矛盾。

如果第一个路口的人说的是假话,第二个路口的人说的是真的,那么它们都不是下山的路,所以正确的路就是第三条。

26. 说谎国与老实国

其实只要看丙说的话和"只有一个是老实国的人"这一条件就可以得出答案了。因为不管是老实国的人还是说谎国的人,被人问起,必然会回答自己是老实国的人,即丙的话是如实反映乙的话的,则丙必为老实国的人。另外两个人都是说谎国的人。

27. 精灵的语言

向 A 问第一个问题。

如果我问你以下两个问题:"'Da'表示'对'吗"和"如果我问你以下两个问题:'你说真话吗'和'B 是随机答话的吗',你的回答是一样的,对吗?"

如果 A 是说真话或说假话并且回答是"Da",那么 B 是随机答话的,则 C 是说真话或说假话。

如果 A 是说真话或说假话并且回答是"Ja",那么 B 不是随机答话的,则 B 是说真话或说假话。

如果 A 是随机答话的,那么 B 和 C 都不是随机答话的。

所以无论 A 是谁,如果他的回答是"Da",则说明 C 是说真话或说假话;如果他的回答是"Ja",则说明 B 是说真话或说假话。

不妨设 B 是说真话或说假话。

向 B 问第二个问题。

如果我问你以下两个问题:"'Da'表示'对'吗"和"罗马在意大利吗?你的回答是一样的,对吗?"

如果 B 说真话,他会回答"Da";如果 B 说假话,他会回答"Ja"。因此,我们可以确认 B 是说真话的还是说假话的。

向 B 问第三个问题。

如果我问你以下两个问题:"'Da'表示'对'吗"和"A 是随机回答吗?你的回答是一样的,对吗?"

假设 B 是说真话的,如果他的回答是"Da",那么 A 是随机回答的,则说明 C 是说假话的;如果他的回答是"Ja",那么 C 是随机回答的,则说明 A 是说假话的。

假设 B 是说假话的,如果他的回答是"Da",那么 A 不是随机回答的,则说明 C 是随机回答的,A 是说真话的;如果他的回答是"Ja",那么 A 是随机回答的,从而 C 是说真话的。

28. 是人还是妖怪

第一个问题：你神志清醒吗？回答"是"就是人，回答"不是"就是妖怪。

或者问：你神经错乱吗？回答"不是"就是人，回答"是"就是妖怪。

第二个问题：你是妖怪吗？回答"是"就是神经错乱的，回答"不是"就是神志清醒的。

或者问：你是人吗？回答"是"就是神志清醒的，回答"不是"就是神经错乱的。

29. 回答的话

被问者只能有两种回答："有"或者"没有"。如果被问者回答的是"有"，那么路人不能根据这句话判断他们中是否有诚实部落的人；如果被问者回答的是"没有"，则说明被问者是说谎部落的人，而另一个就是诚实部落的人，因为被问者不会在自己是诚实部落的人的情况下回答"没有"的。因此路人得出了判断，所以被问者回答的就是"没有"。

30. 爱撒谎的孩子

如果这个孩子第二天说的是真话，那么这个孩子第一天和第三天说的也都是真话，相互矛盾，所以第二天这个孩子说的肯定是谎话。

如果这个孩子第一天说的是谎话，那么星期一和星期二两天里必然有一天是说真话的；同理，如果这个孩子第三天说的是谎话，那么星期三和星期五两天里也必然有一天说的是真话，这样，这个孩子第一天和第三天的两句话不可能都是谎话，说真话的那一天是第一天或第三天。

假设这个孩子第一天说的是真话，因为这个孩子第三天说的是谎话，所以第一天是星期三或星期五，第二天是星期四或星期六，这样就使得这个孩子第二天说的也是真话，相互矛盾。

所以这个孩子第一天和第二天说的是谎话，第三天说的是真话。因为这个孩子第一天说的是谎话，所以说真话的第三天是星期一或星期二，又因为第二天不能是星期日，所以第三天只能是星期二，也就是第一天是星期日，第二天是星期一，第三天是星期二。因此，他在星期二说了真话。

31. 今天星期几

设这两个人分别为 A、B，分为以下四种情况讨论。

（1）A、B 说的都是真话。A、B 在同一天说真话只能在星期日，但是星期日 B 成立，A 不成立，所以这种情况不可能出现。

（2）A、B 说的都是谎话。但是在一周内 A、B 不可能同一天说谎话。所以这种情况不可能出现。

（3）A 说的是真话，B 说的是谎话。A 在周二、四、六、日说真话，B 在周二、四、六说谎话。A 只有在周日说真话时，前天(周五)才是他说谎话的日子，但是这天 B 应该说真话。所以这种情况不可能出现。

（4）A 说的是谎话，B 说的是真话。A 在周一、三、五说谎话，B 在周一、三、五、日说真话。在周三、五、日都不符合，因为在周三时 B 在说真话，而周三的前天(周一)也在说真话，但是 B 对外地人用真话说自己周一说谎话，相互矛盾。同理，周五也相互矛盾，所以只有周一符合。周一时，B用真话对外地人说自己前天（周六）说谎话，周六时B的确说的谎话。A用谎话对外地人说自己前天（周六）说谎话，其实周六时A在说真话，这时正是A在用谎话骗外地人说自己前天说谎话。

综上所述，这一天只能是周一。

32．有几个天使

有2个天使。

假设甲是魔鬼，由此可推断她们几个都是魔鬼，那么，乙是魔鬼的同时又说了实话，存在矛盾。所以甲是天使，而且乙和丙之间至少有一个也是天使。

假设乙是天使，从她的话来看，丙就是魔鬼；假设乙是魔鬼，从她的话来看，丙就是天使。所以，无论怎样，都会有2个天使。

33．向双胞胎问话

只要问："如果我问另一个人这样的问题：'你父母在家吗？'他会怎么说？"相反的答案就是正确答案。

34．谁是盗窃犯

不管A是盗窃犯或不是盗窃犯，他都会说自己"不是盗窃犯"。

如果A是盗窃犯，那么A是说假话的，这样他必然说自己"不是盗窃犯"。

如果A不是盗窃犯，那么A是说真话的，这样他也必然说自己"不是盗窃犯"。

在这种情况下，B如实地转述了A的话，所以B是说真话的，因而他不是盗窃犯。C有意地错述了A的话，所以C是说假话的，因而C是盗窃犯。至于A是不是盗窃犯是不能确定的。

35．四名证人

因为王太太说了真话，由此可以推断赵师傅作了伪证，再进一步推断张先生和李先生说的都是假话，从而可以判断A和B都是凶手。

36．四个人的口供

分别假设作案者是其中一人，做出推论，看是否符合要求即可。

如果作案者是甲，那么乙、丙、丁说得都对。

如果作案者是乙，那么甲、丙、丁说得都对。

如果作案者是丙，那么只有丁说得对，符合要求。

如果作案者是丁，那么丙、丁说得都对。

所以作案者是丙，丁说的是真话。

37．谁偷吃了蛋糕

是小儿子偷吃的。

具体推理如下。

（1）如果大儿子说的是真话，是二儿子偷吃的，则二儿子说的是假话，那么三儿子、小儿子说的又成了真话。有三句真话，不符合题意，所以不是二儿子偷吃的。

（2）如果二儿子说的是真话，三儿子偷吃了蛋糕，大儿子说的是假话，三儿子说的是假话，小儿子说的又成了真话。有两句真话，不符合题意，所以不是三儿子偷吃的。

（3）如果三儿子说的是真话，那么蛋糕不是三儿子偷吃的，但不一定是二儿子偷吃的。

这样又可以分成下面两种情况。

① 二儿子没偷吃蛋糕，这样一来，大儿子说的是假话，二儿子说的是假话，而又只有一句真话，那小儿子说的也是假话，那就是小儿子偷吃的蛋糕。

② 二儿子偷吃了蛋糕，那是不成立的，因为这样大儿子又说了真话。

（4）只有小儿子说的是真话，大儿子说了假话，二儿子说了假话，三儿子也说了假话，而二儿子、三儿子说的不能同时为假话，这样又相互矛盾。

答案是：三儿子说了真话，三儿子和二儿子都没有偷吃蛋糕，这样大儿子说了假话，二儿子说了假话。因为只有一句真话，那么小儿子也说了假话。因此，偷吃蛋糕的是小儿子。

38．5个儿子

答案是：老大、老四和老五有钱，老二和老三没钱。

推理过程如下：

从老五的话入手，老大承认过他有钱，这句话一定是假话。因为如果老大有钱，他不会说自己有钱；如果老大没钱，他也不会承认自己有钱。所以老五说的是假话，老五有钱，老三没钱。

老三说："老四说过，我们5个兄弟都没钱。"说明老四有钱。

老四说："老大和老二都有钱。"说明老大和老二中至少有一个人是没钱的。

老大说："老三说过，我的4个兄弟中，只有一个人有钱。"现在可以确定老三说了实话，而且确定老四、老五都有钱，所以老大说的是假话，说明老大有钱，老二没钱。

39．男女朋友

因为3个人都没有说真话，所以A不是甲的男朋友，甲也不是C的女朋友，所以甲的女朋友只能是B。而C不是丙的男朋友，那么C的女朋友只能是乙。剩下的A与丙就是男女朋友。

40．盒子里的东西

C盒子里有梨。因为A盒子上的写的内容和D盒子上写的内容是矛盾的，所以一定有一个是真的。那么B盒子和C盒子上写的内容都是假的，所以能断定C盒子里有梨。

41．谁通过的六级

答案是A。陈述中（2）项如果为真，则（1）、（3）项必为真，这与题干"上述断定只有两个是真的"不一致，所以（2）项必为假；再因为（2）项和（4）项为矛盾命题，即"必有一真一假"，（2）项为假，则（4）项必为真。再根据题意"上述断定只有两个是真的"，（2）、（4）项一假一真，所以（1）、（3）项必有一真一假。显然，如果（1）项为真，那么（3）项必为真，这与命题不符。所以（1）项为假，（3）项为真。

42．谁及格了

老大、老四和老五考试没及格。

从老五的话入手，老大承认过他考试没及格，这句话一定是假话。因为如果老大考试没及格，他不会说自己考试没及格；如果老大考试及格，他也不会承认自己考试没及格。所以老五说的是假话，老五考试没及格，老三考试及格，说实话。

说实话的老三说："老四说过，我们兄弟 5 个都考试及格了。"说明老四考试没及格。

老四说："老大和老二都考试没及格。"说明老大和老二中至少有一个人考试是及格的。

老大说："老三说过，我的 4 个兄弟中，只有一个考试没及格。"现在已经确定老三说实话，老四、老五考试都没及格，所以老大说的是假话，且老大考试没及格，而老二考试是及格的。

43．谁寄的钱

假设是赵风或者孙海寄的，（2）、（3）、（6）项都是错的，因此不可能是赵风和孙海。

所以可以知道（1）项肯定是错的，（3）项和（5）项有一个是错的。根据题可知，只有 2 句话是假的，所以（2）项和（4）项肯定是对的，因此这个人就是王强。

44．真真假假

A 说 B 叫真真，这样无论 A 说的是真话还是假话，都说明 A 不会是真真。因为如果 A 说的是真话，那么 B 是真真；如果 A 说的是假话，那么说假话的不会是真真。

而 B 说自己不是真真，如果是真话，那么 B 不是真真；如果是假话，那么说假话的 B 当然也不是真真。

由此可见叫真真的只能是 C。

而 C 说 B 是真假，那么 B 一定就是真假，所以 A 就只能是假假。

45．谁在说谎

假设甲说的是实话，那么乙在说谎；乙说丙在说谎，那么丙就在说实话；丙说甲和乙都在说谎，就成了谎话。相互矛盾。

假设甲在说谎，那么乙说的是实话；乙说丙在说谎，那么丙就在说谎；丙说甲和乙都在说谎，则确实是谎话。假设成立。

所以甲和丙在说谎。

46．两兄弟

因为这两个小孩肯定一个是哥哥、一个是弟弟，而且至少有一个在说谎，那就说明两个小孩都在说谎。所以，穿蓝衣服的是哥哥，穿红衣服的是弟弟。

47．谁是哥哥

现在是上午，胖的是哥哥。

假设现在是上午，那么哥哥说实话，也就是较胖的是哥哥，则没有矛盾。假设成立。

假设现在是下午，那么弟弟说实话，而两个人都说我是哥哥，显然弟弟在说谎，所以相互矛盾。

48．该释放了谁

仅释放了 D，其余全说了谎话。

49．寻找八路军

第 1999 个人是汉奸，他说的是谎话。

50．三人聚会

李四说的是真的，张三和王五说谎。

证明：如果张三说的是真的，那么李四说的是假的，又可推导出王五说的是真的，那么张三说的是假的。相互矛盾。

如果李四说的是真的，那么王五说的是假的，又可推导出张三、李四中至少有一个说的是真的。如果张三说的是真的，那么李四说的就是假的，相互矛盾；如果张三说的是假的，那么李四说的是真的。假设成立。

如果王五说的是真的，那么张三、李四说的都是假的，由张三说的是假的，可知李四说的是真的。相互矛盾。

所以李四说的是真的，张三和王五说谎。

51．相互牵制的僵局

如果甲是诚实的，也就是说甲的回答是正确的，那么乙也是诚实的，因为乙回答："丙在说谎。"所以，是丙在说谎。说谎的丙肯定说谎话："甲在说谎。"

相反，如果甲所说的话是谎言，那么乙也在说谎。因为乙回答说："是的，丙在说谎。"所以，丙是诚实的。诚实的丙应该回答："甲在说谎。"也就是说，无论在哪种情况下，丙都会回答："甲在说谎。"

52．不同部落间的通婚

A：妻子，诚实部落，阿尔法，部落号为 66。

B：丈夫，说谎部落，伽马，部落号为 44。

C：儿子，贝塔，部落号为 54。

首先确认 A 是丈夫还是妻子，是诚实部落的还是说谎部落的。

从 A 讲的话入手，组合方案有诚实部落的丈夫、说谎部落的丈夫、诚实部落的妻子、说谎部落的妻子和儿子。

如果 A 为诚实部落的丈夫，C 的 2、4 句话不符合条件。

如果 A 为说谎部落的丈夫，B 的 1、3 句话不符合条件。

如果 A 为诚实部落的妻子，B 的 1、3 句话不符合条件。

如果为儿子，A 的 2、3 句话不符合条件。（这里的不符合条件是指确定的不符合真假话条件。）

所以 A 只能是诚实妻子。

这样就可以得出结论了。

第三章 分金问题

分金问题又叫海盗分金，是一个经典的经济学模型，也是一个非常经典的逻辑题目，主要体现的是博弈思想。博弈，说得通俗一些就是策略，是指在一件事情中的一个"自始至终、通盘筹划"的可行性方案。

海盗分金的经典问题原文如下。

5个海盗抢到了100颗宝石，每一颗宝石大小都一样且价值连城。他们决定这么分：抽签决定自己的号码（1、2、3、4、5），然后由1号提出分配方案让大家表决，并且仅当半数或者超过半数的人同意时，按照他的方案进行分配，否则他将被扔进大海喂鲨鱼。如果1号死了，就由2号提出分配方案，然后剩下的4人进行表决，并且仅当半数或者超过半数的人同意时，按照他的方案进行分配，否则他将被扔进大海喂鲨鱼。以此类推。每个海盗都是很聪明的人，都能很理智地判断，从而做出选择。那么，第一个海盗提出怎样的分配方案才能使自己的收益最大化？

分析所有这类策略游戏的奥妙就在于应当从结尾出发倒推回去。当游戏结束时，你容易知道哪种决策有利而哪种决策不利。确定了这一点后，你就可以把它用到倒数第2次决策上，以此类推。如果从游戏的开头出发进行分析，那是走不了多远的。其原因在于，所有的决策都要确定："如果我这样做，那么下一个人会怎样做？"

因此，在你之后的海盗所做的决定对你来说是重要的，而在你之前的海盗所做的决定并不重要，因为你已对这些决定无能为力了。

记住了这一点，就可以知道我们的出发点应当是游戏进行到只剩两名海盗——4号和5号海盗的时候。这时4号的最佳分配方案是一目了然的：100颗宝石全归他一人所有，5号海盗什么也得不到。由于4号自己肯定为这个方案投赞成票，这样就占了总数的50%，因此方案获得通过。

现在加上3号海盗。5号海盗知道，如果3号海盗的方案被否决，那么最后将只剩2个海盗，自己肯定一无所获。此外，3号海盗也明白5号海盗了解这一形势。因此，只要3号海盗的分配方案给5号海盗一点好处使他不至于空手而归，那么不论3号海盗提出什么样的分配方案，5号海盗都将投赞成票。因此，3号海盗需要分出尽可能少的一点金子来贿赂5号海盗，这样就有了下面的分配方案：3号海盗分得99颗宝石，4号海盗一无所获，5号海盗分得1颗宝石。

2号海盗的策略也差不多。他需要有50%的支持票，因此同3号海盗一样也需再找一人作同党。他可以给同党的最低贿赂是1颗宝石，他可以用这颗宝石来收买4号海盗。因为如果自己被否决而3号海盗得以通过，那么4号海盗将一无所获。因此，2号海盗的分配方案应是：99颗宝石归自己，3号海盗一颗宝石也得不到，4号海盗得1颗宝石，5号海盗一颗宝石也得不到。

1号海盗的策略稍有不同。他需要收买两名海盗，因此至少得用2颗宝石来贿赂，才能使自己的方案得到采纳。他的分配方案应该是：98颗宝石归自己，1颗宝石给3号海盗，1颗宝石给5号海盗。

"海盗分金"其实是一个高度简化和抽象的模型，任何"分配者"想让自己的方案获得通过的关键是事先考虑清楚"挑战者"的分配方案是什么，并用最小的代价获取最大收益，拉拢"挑战者"分配方案中最不得意的人们。

在现实生活中，我们每一个人都无法避免处在错综复杂的利害关系和多种矛盾的冲突中，人们为了获得某种结局，往往会制定一系列的制胜策略，即分析对方可能采取的计划，有针对性地制订自己的克敌计划，这就是所谓的"知彼知己，百战不殆"的道理，哪一方的策略更胜一筹，哪一方就会取得最终的胜利。

博弈的目的在于巧妙的策略，而不是解法。研究博弈理论，是经济学家们的事。我们学习博弈，不是为了享受博弈分析的过程，而在于赢得更好的结局，把博弈中的精髓拿来为我所用，争取获得每一次竞争和选择的胜利。

纵向扩展训练营

53．海盗分金（加强版）

10名海盗抢得了窖藏的100块金子，并打算瓜分这些战利品。这是一些讲"民主"的海盗（当然是他们自己特有的"民主"），他们的习惯是按下面的方式进行分配：最厉害的一名海盗提出分配方案，然后所有的海盗（包括提出方案者本人）就此方案进行表决。如果50%或更多的海盗赞同此方案，此方案就获得通过并据此分配战利品；否则，提出方案的海盗将被扔到海里，然后由下一位提名最厉害的海盗重复上述过程。

所有的海盗都乐于看到他们的一位同伙被扔到海里，不过如果让他们选择，他们还是宁可得到金子，而不愿意自己被扔到海里。所有的海盗都是有理性的，而且知道其他的海盗也是有理性的。此外，没有两名海盗是同等厉害的——这些海盗按照完全由上到下的等级排好了座次，并且每个人都清楚自己和其他所有人的等级。这些金子不能再分，也不允许几名海盗共享金子，因为任何海盗都不相信他的同伙会遵守关于共享金子的安排。这是一伙每人都只为自己打算的海盗。

最厉害的一名海盗应当提出什么样的分配方案才能使自己获得最多的金子呢？

54．海盗分金（超级版）

海盗分金的问题扩大到有 500 名海盗的情形，即 500 名海盗抢得了窖藏的 100 块金子，并打算瓜分这些战利品。这是一些讲"民主"的海盗（当然是他们自己特有的"民主"），他们的习惯是按下面的方式进行分配：最厉害的一名海盗提出分配方案，然后所有的海盗（包括提出方案者本人）就此方案进行表决。如果 50% 或更多的海盗赞同此方案，此方案就获得通过并据此分配战利品；否则，提出方案的海盗将被扔到海里，然后由下一位提名最厉害的海盗重复上述过程。

所有的海盗都乐于看到他们的一位同伙被扔到海里。不过，如果让他们选择，他们还是宁可得金子，而不愿意自己被扔到海里。所有的海盗都是有理性的，而且知道其他的海盗也是有理性的。此外，没有两名海盗是同等厉害的——这些海盗按照完全由上到下的等级排好了座次，并且每个人都清楚自己和其他所有人的等级。这些金子不能再分，也不允许几名海盗共享金子，因为任何海盗都不相信他的同伙会遵守关于共享金子的安排。这是一伙每人都只为自己打算的海盗。

最厉害的一名海盗应当提出什么样的分配方案才能使自己获得的金子最多呢？

55．理性的困境

两人分一笔总量固定的钱，比如 100 元。方法是：一人提出方案，另外一人表决。如果表决的人同意，那么就按提出的方案来分；如果不同意，两人将一无所得。比如 A 提出方案，B 表决。如果 A 提的方案是 70∶30，即 A 得 70 元，B 得 30 元。如果 B 接受，则 A 得 70 元，B 得 30 元；如果 B 不同意，则两人将什么都得不到。

如果叫 A 来分这笔钱，A 会怎样分？

56．是否交换

一个综艺节目举行抽奖游戏。他们准备了两个信封，里面有数额不等的钱，分别交给 A、B 两人。两人事先不知道信封里面钱的数额，只知道每个信封里的钱数为 5 元、10 元、20 元、40 元、80 元、160 元中的一个，并且其中一个信封里的钱是另一个信封里的 2 倍。也就是说，若 A 拿到的信封中是 20 元，则 B 拿到的信封中或为 10 元，或为 40 元。

A、B 拿到信封后，各自看自己信封中钱的数额，但看不到对方信封中钱的数额。如果现在给他们一个与对方交换的机会，请问，他们如何判断，是否交换？

现在我给你一个重新选择的机会，你要不要和我换一下信封呢？

57．是否改变选择

某娱乐节目邀请你去参加一个抽奖活动。有三个信封，让你挑选其中一个，并且告诉你其中一个信封里装着 10 000 元，而另外两个信封里装的都是 100 元钱。当你选中一个之后，主持人把另外两个信封打开一个，不是 10 000 元。现在,主持人给你一个选择的机会,你要不要换一个信封呢?

58．纽科姆悖论

一天,一个从外层空间来的超级生物欧米加来到地球。

欧米加搞了一个设备来研究人类的大脑。它可以十分准确地预言每一个人在二者择一时会选择哪一个。

欧米加用两个大箱子检验了很多人。箱子 A 是透明的,总是装着 1000 美元;箱子 B 是不透明的,它要么装着 100 万美元,要么空着。

欧米加告诉每一个受试者:"你有两种选择,一种选择是你拿走两个箱子,可以获得其中的东西。可是,当我预计你这样做时,我就让箱子 B 空着,你就只能得到 1000 美元。另一种选择是只拿箱子 B。如果我预计你这样做时,我就在箱子 B 中放进 100 万美元,你将能得到全部钱。"

说完,欧米加就离开了,留下了两个箱子供人选择。

一个男人决定只拿箱子 B。他的理由是:我已看见欧米加尝试了几百次,每次他都预计对了。凡是拿两个箱子的人,只能得到 1000 美元,所以我只拿箱子 B,就会变成百万富翁。

一个女孩决定拿走两个箱子。她的理由是:欧米加已经做完了他的预言,并已离开,箱子不会再变了,且总有一个箱子有钱。所以我拿走两个箱子,就可以得到里面所有的钱。

你认为谁的决定更好?

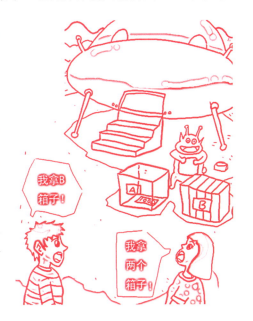

59．如何选择

有一个农夫有两个儿子,农夫死后,两个儿子想要分农夫的遗产。小儿子将农夫的遗产平均分成两份,大儿子说:"这样吧,咱们两个都是说话算数并很有理性的人。我把遗产分成两份,你来选,如果你做出了不合理的选择,那我就在你选择的那份基础上再奖励你 100 万元,怎么样?"小儿子听了之后,觉得很好,于是就答应了。农夫留下来的遗产共有 10 万元,大儿子把遗产分成 A 为 0 元, B 为 10 万元。

请问小儿子应该如何选择?

60．聪明的弟子

苏格拉底的三个弟子曾向他请教这样一个问题:怎样才能找到理想的伴侣?

苏格拉底并没有正面回答他们,而只是让他们三个人走进麦田,从一头出发到另一头,中途只许前进不许后退。其间他们可以摘取一株麦穗,但仅有一次机会。最后比一下谁摘的麦穗最大。田地里的麦穗有大有小,有挺拔饱满的,也有低矮瘪空的,所以三人必须想好该如何做出自己的选择。

第一个弟子先行。他想：只有一次机会，那么一旦看到又大又饱满的麦穗，我就应该立刻摘取它，这样绝对不会留下遗憾。这样想着，没走几步，这个弟子就发现一株既大又饱满的麦穗，于是兴奋地将其摘下，心中的得意也无以复加。然而好景不长，当他继续前进时，发现前面有许多比他手中的麦穗更大更饱满的，但他已经没有机会了，心情转瞬跌到了低谷，只能无奈又遗憾地走完剩下的路程。

轮到第二个弟子时，因为有第一个弟子的前车之鉴，于是他想：麦田里的麦穗这么多，一开始看见的肯定不是最好的，后面一定有更好的，所以我不能急着摘，机会只有一次，要谨慎再谨慎。带着这样的想法他也开始了行程。刚开始时，他果然也发现了又大又饱满的麦穗，但他忍住了没摘，他相信后面会看见更好的，于是继续前行。一路上他又发现了不少好的麦穗，他依然没有下手，每一次他都想，后面会有更好的，不能急，要谨慎。就这样直到走到田地尽头他的手中还是空空如也，他已经错过了所有的好的麦穗，然而却已经无法回头了，只好随手摘了一株普通的麦穗。

第三个弟子最聪明，他看到前两个人的境况，暗暗决定要吸取他们的教训。你知道他是如何做的吗？

61. 少数派游戏

这个游戏共有 22 个人参加。这 22 个人集中在一个大厅里，参加一个叫作"少数派"的游戏。游戏规则很有意思：每个人手里都有一副牌，游戏组织者会给大家 1 个小时自由讨论的时间，然后每个人亮出一张牌。主持人统计红色牌和黑色牌的数量，并规定数量较少的那一方取胜，而多数派将全部被淘汰。获胜的选手在 1 小时后进行新一轮的游戏，依然是少数派胜出。若某次亮牌后双方人数相等，则该轮游戏无效，继续下一轮。游戏一直进行下去，直到最后只剩下一人或两人为止（只剩两人时显然已无法分出胜负）。所有被淘汰的人都必须缴纳罚金，这些罚金将作为奖金分给获胜者。

这个游戏有很多科学的地方，其中最有趣的地方是，简单的结盟策略将变得彻底无效。如果游戏是多数人获胜，那你只要能成功说服其中 11 个人和你一起组队（并承诺最后将平分奖金），你们 12 个人便可以保证获胜。但在这个游戏里，票数少的那一方是获胜方，因此这个办法显然行不通。如果你是这 22 个参赛者中的其中一个，你会怎么做呢？

横向扩展训练营

62. 蜈蚣博弈的悖论

蜈蚣博弈是由罗森塞尔（Rosenthal）提出的。它是这样一个博弈：两个参与者 A、B 轮流进行策略选择，可供选择的策略有合作和不合作（背叛）两种。假定 A 先选，然后是 B，接着是 A，如此交替进行。A、B 之间的博弈次数为有限次，比如 10 次。假定这个博弈各自的收益如图 3-1 所示。

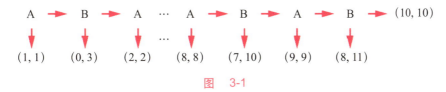

图 3-1

博弈从左到右进行,横向箭头代表合作策略,向下的箭头代表不合作策略。每个人下面对应的括号代表相应的人采取不合作策略,博弈结束后计算各自的收益,括号内左边的数字代表 A 的收益,右边的数字代表 B 的收益。

现在的问题是:A、B 会如何进行策略选择?

63. 酒吧问题

酒吧问题(bar problem)是美国人阿瑟提出的。阿瑟是斯坦福大学经济学系教授,同时是美国著名的圣菲研究所(Santa Fe Institute)的研究人员。他不满意经济学中认为的经济主体或行动者的行动是建立在演绎推理的基础之上的,而认为其行动是基于归纳。酒吧问题就是他为了说明这个问题而提出的。

该博弈是:有一群人,比如共有 100 人,每个周末均要决定是去酒吧活动还是待在家里。酒吧的容量是有限的,比如空间是有限的或者座位是有限的,如果人去多了,去酒吧的人会感到不舒服,此时,他们留在家里比去酒吧更舒服。我们假定酒吧的容量是 60 人,或者说座位是 60 个,如果某人预测去酒吧的人数超过 60 人,他的决定是不去;反之则去。这100 人如何做出是去还是不去的决策呢?

64. 倒推法博弈

在某个城市假定只有一家房地产开发商 A,我们知道任何没有竞争的垄断都会获得极高的利润,假定 A 此时每年的垄断利润是 10 亿元。

现在有另外一个企业 B 准备从事房地产开发。面对 B 要进入其垄断的行业,A 想:一旦 B 进入,A 的利润将会受损很多,因此 B 最好不要进入。所以 A 向 B 表示,如果你想进入,我将阻挠你进入。假定当 B 进入时 A 阻挠,A 的利润会降低到 2 亿元,B 的利润则是 -1 亿元;而如果 A 不阻挠,A 的利润是 4 亿元,B 的利润也是 4 亿元。

这是房地产开发商之间的博弈问题。A 的最好结局是"B 不进入",而 B 的最好结局是进入而 A 不阻挠。但是,这两个最好的结局却不能同时得到。那么结果是什么呢?

A 向 B 发出威胁:如果你进入,我将阻挠;而对 B 来说,如果进入时 A 真的阻挠,它的损失将是 -1 亿元(假定 -1 亿元是它的机会成本),当然此时 A 也有损失。对 B 来说,问题是:A 的威胁可信吗?

65. 将军的困境

两个将军各带领自己的部队埋伏在相距一定距离的两座山上等候敌人。将军 A 得到可靠情报:敌人刚刚到达,立足未稳,没有防备,如果两股部队一起进攻,就能够获得胜利;而如果只有一方进攻,进攻方将会失败。这是两个将军都知道的。但是将军 A 遇到了一个难题:如何与将军 B 协同进攻?那时没有电话之类的通信工具,只有通过派情报员来传递消息。将军 A 派遣一个情报员去了将军 B 那里,告诉将军 B:敌人没有防备,两军于黎明一起进攻。然而可能发生的情况是,情报员失踪或者被敌人抓获。即将军 A 虽然派遣情报员向将军 B 传达"黎明一起进攻"的信息,但他不能确定将军 B 是否收到他的信息。还好,情报员顺利地回来了,可是将军 A 又陷入了迷茫:将军 B 怎么知道情报员肯定回来了?将军 B 如果不能肯定情报员回来,他必定不会贸然进攻的。于是将军 A 又将该情报员派遣到将军 B 那里。然而,他不能保证这次情报员肯定到了将军 B 那里……

如果你是这两位将军中的一个,你有什么办法可以确保两个将军一起进攻?

66.有病的狗

有 50 户人家,每家一条狗。有一天警察通知,50 条狗中有病狗,行为和正常狗不一样。每人只能通过观察别人家的狗进行对比来判断自己家的狗是否生病,而不能看自己的狗。如果判断出自己家的狗病了以后,就必须当天一枪打死自己家的狗。这样,第一天没有枪声,第二天没有枪声,第三天开始一阵枪声。

请问一共死了几条狗?

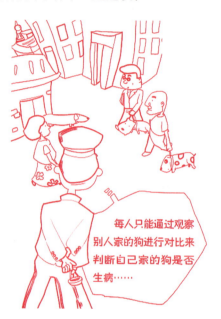

每人只能通过观察别人家的狗进行对比来判断自己家的狗是否生病……

67.村口的一排树

在一个偏僻的山里有一个村庄,村里有 100 家住户,每家住户都有一个还没有结婚的孩子。

在这个村里已经形成了一个奇特的风俗,孩子的父母如果发现自己的孩子恋爱,就要在当天去村口种一棵树为孩子许愿。当然,父母必须有确切的证据来证明自己的孩子恋爱了。由于害羞,孩子不会主动告诉父母自己恋爱了。其他村民发现某家孩子恋爱了也不会告诉那个孩子的父母,但会在村子里相互传递这一信息,因此,一个孩子恋爱后,除了其父母不知道,其他村民都知道。

而事实上,村子里的这 100 家住户的孩子都恋爱了,但由于村民不会把知道的事实告诉恋爱孩子的父母,因此没有人去村口种树。

村子里有一个辈分很高的老太太,她德高望重,诚实可敬。每个人都向她汇报村里的情况,因此她对村里的情况了如指掌,她知道每个孩子都恋爱了,当然,其他村民不知道她所知道的。

一天,这位老人说了一句很平常的话:"你们的孩子当中至少有一个已经恋爱了。"于是,村里发生了这样一个事情:前 99 天,村里风平浪静,但到了第 100 天,所有的父母都去村口种树了。

请问为什么会这样呢?

68.损坏的瓷器

有两个出去旅行的女孩,一个网名为"中原一点红",一个网名为"沙漠樱桃",她们互不认识,各自在景德镇同一个瓷器店购买了一个一模一样的瓷器。当她们在上海浦东国际机场下飞机后,发现托运的瓷器可能由于运输途中的意外而遭到损坏,她们随即向航空公司提出索赔。但由于物品没有发票等证明价格的凭证,于是航空公司内部评估人员大概估算了这个瓷器价值应该在 1000 元以内。因为航空公司无法确切知道该瓷器的价格,于是便分别告诉这两个女孩,让她们把该瓷器当时购买的价格写下来,然后告诉航空公司。

航空公司认为,如果这两个女孩都是诚实可信的老实人,那么她们写下来的价格应该是一样的;如果不一样,则必然有人说谎。而说谎的人则是为了能获得更多的赔偿,所以可以认为申报价格较低的那个女孩应该更加可信,并会采用较低的那个价格作为赔偿金额,此外会给予那个给出更低价格的诚实女孩价值 200 元的奖励。

如果这两个女孩都非常聪明,她们最终会写多少钱呢?

69．分遗产

有一对姐弟,父母过世后留下了一些财物,一共 6 件:冰箱、笔记本电脑、洗衣机、打火机、自行车、洗碗机。

他们约定,由姐姐先挑选,但只能拿一样;然后弟弟再拿,也只能拿一样,如此循环。实际上,姐弟俩对这 6 样东西的偏好程度有不同的排序。

姐姐:1—冰箱　2—笔记本电脑　3—自行车　4—洗碗机　5—洗衣机　6—打火机。
弟弟:1—笔记本电脑　2—打火机　3—洗碗机　4—自行车　5—冰箱　6—洗衣机。
若两人诚实地选择,结果会是什么? (所谓诚实地选择,即指每个人选择时都是从剩下的物品中选择自己认为价值最高的物品。)

如果姐姐做出策略性选择,结果会是什么? (所谓策略性选择,就是选择那些对方认为价值最高的物品,而同时对手又不会拿走自己认为价值最高的物品。)

70．抢糖果

爸爸出差给孩子带回一包糖果,正好一共有 100 颗,爸爸让两个孩子从这堆糖果中轮流拿糖,谁能拿到最后一颗糖果谁为胜利者,爸爸会奖励他一个神秘的礼物。当然拿糖果是有一定条件的:每个人每次拿的糖至少要有 1 颗,但最多不能超过 5 颗。

请问:如果让弟弟先拿,该拿几颗?以后他怎么拿才能保证能得到最后一颗糖果呢?

71．花瓣游戏

有一个有意思的小游戏,两个人拿着一朵有 13 片花瓣的花,轮流摘去花瓣。一个人一次只可以摘一片或者相邻的两片花瓣,谁摘到最后的那片花瓣谁就是赢家。有一个聪明的小姑娘发现,只要使用一种技巧,就可以在这个游戏中一直获胜。

请问:这个获胜的人是先摘的人还是后摘的人?需要用什么方法?

斜向扩展训练营

72．该怎么下注

轮盘是一种很简单的游戏,在圆盘上标着譬如"奇数""偶数""3 的倍数""5 的倍数"等,只要你猜对了数字,你就可以得到相应倍数的金币。

在一次游戏中,已经到了最后决定胜负的关键时刻。占第一位的是周星星先生,他非常幸运地赢了 700 个金币;占第二位的是丽莎小姐,她赢了 500 个金币;其余的人都已经输了很多,所以这最后一局就只剩下周星星先生和丽莎小姐一决胜负。

周星星先生还在考虑怎样才能赢得这次游戏。如果将手上筹码的一部分押在"奇数"或者"偶数"上,如果赢了,他的金币就会变成现在的 2 倍。而这时,丽莎小姐已经把所有的筹码都押在了"3 的倍数"上,如果能赢,金币就会变成现在的 3 倍,她就可以赢到1500 个金币,那样就可能反败为胜了。

请想一想,如果你是周星星先生,你应该怎么下注才能确保赢呢？

73．不会输的游戏

有一种游戏叫作"15 点"。规则很简单,桌面上画着三行三列九个方格,上面标有 1 ～ 9 九个数字。两人轮流把硬币放在 1 ～ 9 这九个数字上,谁先放都一样。谁先把加起来为 15 的 3 个不同数字盖住,桌上的硬币就全归他。

先看一下游戏的过程:一位参与者先放,他把硬币放在 7 上,因为 7 被盖住了,其他人就不能再放了。其他一

些数字也是如此。庄家把硬币放在 8 上。参与者把硬币放在 2 上，这样他以为下一轮再用一枚硬币放在 6 上就可以赢了。但庄家却猜出了他的意图，把自己的硬币放在 6 上，堵住了参与者的路。现在，他只要在下一轮把硬币放在 1 上就可以获胜。参与者看到这一威胁，便把硬币放在 1 上。庄家笑嘻嘻地把硬币放到了 4 上。参与者看到他下次放到 5 上就可以赢了，就不得不再次堵住他的路，把一枚硬币放在 5 上。但是庄家却把硬币放在了 3 上，因为 8+4+3=15，所以他赢了。可怜的参与者输掉了这 4 枚硬币。

原来，只要知道了其中的秘密，庄家是绝对不会输一盘的。你知道他是如何做到的吗？

74．骰子游戏

有一种游戏方式很简单：桌上画着分别标有 1、2、3、4、5、6 六个方格，参与者可以把钱押在任意 1 个方格作为赌注，钱多钱少随意。然后庄家掷出 3 个骰子，如果有 1 个骰子的点数是你所押的方格的数字，那么你就可以拿回你的赌注并从庄家那里得到与赌注相同数量的钱；如果有两个骰子的点数与你所押的方格的数字相同，那么你就可以拿回你的赌注并得到 2 倍于赌注的钱；如果有 3 个骰子的点数与你所押的方格的数字相同，那么你就可以拿回你的赌注并得到 3 倍于赌注的钱，当然，如果每个骰子都不是你所押的数字，赌注就会被庄家拿走。

举例来说，假设你在 6 号方格押了 1 元，如果有 1 个骰子掷出来是 6，你就可以拿回你的 1 元并另外得到 1 元；如果 2 个骰子是 6，你就可以拿回你的 1 元并另外得到 2 元；如果 3 个骰子都是 6，你就可以拿回你的 1 元钱，另外还可以得到 3 元。

参与者可能会想：我所押的数字被一个骰子掷出的概率是 1/6，因为有 3 个骰子，所以概率为 3/6，也就是 1/2，所以这个游戏是公平的。

请问：这个游戏真的公平吗？如果不公平，那么是对庄家有利还是对参与者有利呢？收益率是多少？

75．与魔术师的比赛

一名魔术师邀请一名观众一起做游戏。他说："这里有一个圆盘，我可以随时变大或者变小，还有无数的圆形棋子，我也可以随时把它们一起变大或者变小。我们轮流拿棋子放到圆盘上，每人放一次，棋子不能重叠，如果轮到一个人放棋子时圆盘上剩余的空间已经不允许再放一个棋子，他就输了。"观众问："你要变棋子的大小时，是不是圆盘上的和没在圆盘上的一起变大或变小？"魔术师说："是的。并且棋子一定不会大过圆盘。"观众选择第一个先下，魔术师同意了。后来不管魔术师怎么变化，观众还是会赢。即使魔术师耍赖再来一盘，只要观众先下，也都会赢。你知道为什么吗？

76．猜纸片

有一个人喜欢玩猜纸片游戏，规则是：他拿出三张完全相同的纸片，在每张纸片的正、反两面分别画上√、√；×、×；√、×。然后他把这三张纸片交给一个参与者，参与者偷偷选出一张，放在桌子上，如图 3-2 所示。他只要看一眼朝上那面，就可以猜出朝下的是什么标记，如果猜对了，就请对方给他 100 元；如果猜错了，他就要给对方 100 元。

纸片上√和×各占总数的一半，也没有其他任何记号，对双方应该都是公平的。你觉得他有优势吗？

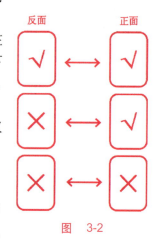

图 3-2

77．怎样取胜

古代战场上两军厮杀，到最后只剩下四个人，其中一个人是甲方的将军，他力大无穷，武艺超群；另外三个人都是敌方的副将，武艺也都不俗。单打独斗，甲方的将军肯定会获胜，但是以一个人之力对战三个人，确会必死无疑。这时，甲方的将军突然想到了一个好主意，最终他轻松地杀死了三名敌方的副将并取得了胜利。你知道他是怎么做到的吗？

78．罪犯分汤

有一个监狱，每个房间关着 8 个犯人。傍晚时，狱卒会在每个房间门口放一桶汤，这就是犯人的晚餐，房间中的 8 个犯人自己决定如何分汤。有一个房间的人最开始每天轮流派一个人分汤。慢慢的大家发现那个分汤的人总会有些偏心，给自己或者关系比较好的朋友多分一些。于是他们决定改变分汤方式，另外派一个人监督。刚开始的时候效果挺好，但过了一段时间后，发现监督的人出现受贿问题，分汤的人会给监督者多分一些汤，监督者就不会再管汤分得是否公平。于是他们又决定轮流监督，但是问题依然存在。后来他们决定成立一个三人的监督小组，汤分得公平了，可是每天为分汤的问题忙得不可开交，等到吃饭的时候汤早就凉了。

因为分汤的问题，这个房间的犯人打了好几次架了，最后，有一个狱卒提出了一个很简单的方法，让他们把汤平均分给每个人。其实有的时候，简单才是最有效的。你能想到这种方法吗？

79．检验毒酒

一个国王有 1000 瓶红酒，并打算在他的六十岁大寿时打开来喝。但是其中一瓶红酒被人下了毒，凡是有人沾到这瓶红酒并超过 20 个小时后就会开始出现身体不适并很快死亡（只沾到一滴也会死）。由于国王的大寿就在第二天（假设离宴会开始只有 24 个小时的时间），就算有千分之一的可能，国王也不想冒险，他要在宴会之前把这瓶有毒的酒找出来,所以,国王就吩咐侍卫用监牢里的死刑犯来检验酒。请问:最少需要多少个死刑犯,才能检验出毒酒呢?

80．杯子测试

一种杯子,若在第 N 层楼被摔碎,则在任何比 N 层高的楼层均会碎;若在第 M 层楼不碎,则在任何比 M 层低的楼层均不会碎。给你两个这样的杯子,让你在 100 层高的楼层中测试,要求用最少的测试次数找出恰巧会使杯子破碎的楼层,那么你应该如何做呢?

81．逃脱的案犯

黑猫警长有一个强劲的对手"飞毛腿",这只老鼠奔跑的速度十分惊人,比黑猫警长还要快,几次都被它逃脱了。一次偶然的机会,警长发现"飞毛腿"在湖里划船游玩,这可是一个很好的机会。这个圆形小湖半径为 R,"飞毛腿"划船的速度只有黑猫警长在岸上速度的四分之一。警长沿着岸边奔跑,想抓住要划船上岸的"飞毛腿"。请问这次"飞毛腿"还能不能侥幸逃脱呢?

答　　案

53．海盗分金（加强版）

为方便起见,我们按照这些海盗的怯懦程度来给他们编号。最怯懦的海盗为 1 号海盗,次怯懦的海盗为 2 号海盗,其他以此类推。这样,最厉害的海盗就应当得到最大的编号,而方案的提出就将倒过来从上而下地进行。

分析所有这类策略游戏的奥妙就在于应当从结尾出发并倒推回去。当游戏结束时,就容易知道何种决策有利,何种决策不利。确定了这一点后,就可以把它用到倒数第 2 次决策上,并以此类推。如果从游戏的开头出发进行分析,那是走不了多远的。其原因在于,每个海盗的战略决策都要确定一点:"如果我这样做,那么下一个人会怎样做?"

因此,在后面的海盗所做的决定对前面的海盗来说是很重要的;而在前面的海盗之前的海盗所做的决定并不重要,因为这些决定已经定形。

记住了这一点,就可以知道推理的出发点应当是游戏进行到只剩两名海盗——1 号和 2 号海盗的时候,这时最厉害的海盗是 2 号,而他的最佳分配方案是一目了然的:100 块金子全归他一人所有,1 号海盗什么也得不到。他对这个方案肯定会投赞成票,这样就占了总数的 50%,因此方案获得通过。

现在加上 3 号海盗。1 号海盗知道,如果 3 号海盗的方案被否决,那么最后将只剩 2 个海盗,而 1 号海盗将肯定一无所获;此外,3 号海盗也明白 1 号海盗了解这一形势。因此,只要 3 号海盗的分配方案给 1 号海盗一点甜头,使他不致于空手而归,那么不论 3 号海盗提出什么样的分配方案,1 号海盗都将投赞成票。因此,3 号海盗需要分出尽可能少的一点金子来贿赂 1 号海盗,这样就有了下面的分配方案:3 号海盗分得 99 块金子,2 号海盗一无所获,1 号海盗分得 1 块金子。

4 号海盗的策略也差不多,他需要有 50% 的支持票。因此同 3 号海盗一样,他也需再找一人作为同伙。他可以给同伙的最低贿赂是 1 块金子，而他可以用这块金子来收买 2 号海盗，因为如果 4 号海盗被否决，而 3 号海盗得以通过，则 2 号海盗将一无所获。因此，4 号海盗的分配方案应是：99 块金子归自己，3 号海盗一块金子也得不到，2 号海盗得 1 块金子，1 号海盗也是一块金子也得不到。

5 号海盗的策略稍有不同，他需要收买另外两名海盗，因此至少得用 2 块金子来贿赂，才能使自己的方案得到采纳。他的分配方案是：98 块金子归自己，1 块金子给 3 号海盗，1 块金子给 1 号海盗。

分析过程可以照着上述思路继续进行下去。每个分配方案都是唯一确定的，这样可以使提出该方案的海盗获得尽可能多的金子，同时又保证该方案肯定能通过。按照这一模式进行下去，10 号海盗提出的方案将是 96 块金子归他所有，其他编号为偶数的海盗各得 1 块金子，而编号为奇数的海盗则什么也得不到，这就解决了 10 名海盗的分配难题。

54．海盗分金（超级版）

上题中所述的规律直到第 200 号海盗都是成立的。200 号海盗的方案将是：从 1 ～ 199 号的所有奇数号的海盗都将一无所获，而从 2 ～ 198 号的所有偶数号海盗将各得 1 块金子，剩下的 1 块金子归 200 号海盗自己所有。

乍看起来，这一论证方法到 200 号之后将不再适用，因为 201 号拿不出更多的金子来收买其他海盗。但是即使分不到金子，201 号至少还希望自己不会被扔到海里，因此他可以这样分配：给 1 ～ 199 号的所有奇数号海盗每人 1 块金子，自己一块金子也不要。

202 号海盗同样别无选择，只能一块金子都不要了——他必须把这 100 块金子全部用来收买 100 名海盗，而且这 100 名海盗还必须是那些按照 201 号海盗方案将一无所获的人。由于这样的海盗有 101 名，因此 202 号海盗的方案将不再是唯一的——贿赂方案有 101 种。

203 号海盗必须获得 102 张赞成票，但他显然没有足够的金子去收买 101 名同伙，因此，无论提出什么样的分配方案，他都注定会被扔到海里去喂鱼。不过，尽管 203 号海盗命中注定死路一条，但并不是说他在游戏进程中不起任何作用；相反，204 号海盗现在知道，203 号海盗为了能保住性命，就必须避免由他自己提出分配方案这么一种局面，所以无论 204 号海盗提出什么样的方案，203 号海盗都一定会投赞成票，这样 204 号海盗总算侥幸捡到一条命：他可以得到他自己的 1 票、203 号海盗的 1 票，以及另外 100 名收买的海盗的赞成票，刚好达到保命所需的 50%。获得金子的海盗，必属于根据 202 号海盗方案肯定将一无所获的那 101 名海盗之列。

205 号海盗的命运又如何呢？他可不是太走运了，他不能指望 203 号海盗和 204 号海盗支持他的方案，因为如果他们投票反对 205 号海盗的方案，就可以幸灾乐祸地看到 205 号海盗被扔到海里去喂鱼，而他们自己的性命却仍然能够保全，这样无论 205 号海盗提出什么方案都将必死无疑。206 号海盗也是如此——他肯定可以得到 205 号海盗的支持，但这不足以救他一命。类似的，207 号海盗需要 104 张赞成票——除了他收买的 100 张赞成票以及他自己的 1 张赞成票，他还需 3 张赞成票才能免于一死；他可以获得 205 号海盗和 206 号海盗的支持，但还差一张票却是无论如何也弄不到了，因此 207 号海盗的命运也是下海喂鱼。

208 号海盗又时来运转了。他需要 104 张赞成票，而 205 号海盗、206 号海盗、207 号海盗都会支持他，加上他自己的 1 票及收买的 100 票，他得以过关保命。获得他贿赂的必属于那些根据 204 号海盗的方案肯定将一无所获的人（候选人包括 2～200 号中所有偶数号的海盗以及 201 号、203 号、204 号海盗）。

现在可以看出一条新的且此后将一直有效的规律：那些方案能过关的海盗（他们的分配方案全都是把金子用来收买 100 名同伙而自己一点都得不到）相隔的距离越来越远，而在他们之间的海盗则无论提什么样的方案都会被扔进海里——因此为了保命，他们必会投票支持比他们厉害的海盗提出的任何分配方案。得以避免葬身鱼腹的海盗包括 201 号、202 号、204 号、208 号、216 号、232 号、264 号、328 号、456 号，即其号码等于 200 加 2 的某一次方的海盗。

现在我们来看看哪些海盗是获得贿赂的幸运儿。分配贿赂的方法是不唯一的，其中一种方法是让 201 号海盗把贿赂分给 1～199 号的所有奇数编号的海盗，让 202 号海盗分给 2～200 号的所有偶数编号的海盗，然后是让 204 号海盗贿赂奇数编号的海盗，208 号海盗贿赂偶数编号的海盗；其他以此类推，也就是轮流贿赂奇数编号和偶数编号的海盗。

结论是：当 500 名海盗运用最优策略来瓜分金子时，前 44 名海盗必死无疑，而 456 号海盗则给从 1～199 号中所有奇数编号的海盗每人分 1 块金子，问题就解决了。由于这些海盗所实行的那种民主制度，他们的事情就搞成了最厉害的一批海盗多半是下海喂鱼，不过有时他们也会觉得自己很幸运——虽然分不到抢来的金子，但总可以免于一死。只有最怯懦的 200 名海盗有可能分得一份赃物，而他们之中又只有一半的人能真正得到一块金子，的确是怯懦者继承财富。

55. 理性的困境

A 提方案时要猜测 B 的反应，A 会这样想：根据理性人的假定，A 无论提出什么方案给 B——除了将所有 100 元留给自己而一点不给 B 留这样极端的情况，B 只有接受，因为 B 接受了还有所得，而不接受将一无所获——当然此时 A 也将一无所获。此时理性的 A 的方案可以是：留给 B 一点点，比如 1 分钱，而将 99.99 元据为己有，即方案是 99.99∶0.01。B 接受了还会有 0.01 元，而不接受，将什么都没有。

这是根据理性人的假定的结果，而实际则不是这个结果。英国博弈论专家宾莫做了实验，发现提方案者倾向于提 50∶50，而接受者会倾向于：如果给他的少于 30%，他将拒绝；如果给他的多于 30%，他将不拒绝。

这个博弈反映的是"人是理性的"这样的假定，在某些时候存在着与实际不符的情况。

56. 是否交换

先看极端情况。

如果 A、B 有一人拿到 5 元的信封，该人肯定愿意交换。

如果 A、B 有一人拿到 160 元的信封，该人肯定不愿意交换。

但问题是 A、B 两个信封是一个组合，设 A 愿意交换，则 B 不一定愿意交换，反之亦然。

再看中间情况。

从期望收益来看,设若(A、B)信封组合实际为(20、40)。

设若 A 拿到信封,看到里面有 20 元,则他面对两种可能,即 B 信封里或为 10 元(这样他不愿意交换),或为 40 元(这样他愿意交换)。但这两种可能性从概率上说是均等的,即各为 1/2(50%)。他若愿意交换,则其期望收益为 $10 \times 50\% + 40 \times 50\% = 25$(元),这比他"不愿意交换"的所得(信封里的 20 元)多,因此,理性的 A 应当"愿意交换"。

而 B 拿到信封,看到里面有 40 元,则他面对两种可能,即 A 信封里或为 20 元(这样他不愿意交换),或为 80 元(这样他愿意交换)。但这两种可能性从概率上说是均等的,即各为 1/2(50%),因此,他若愿意交换,则其期望收益为 $20 \times 50\% + 80 \times 50\% = 50$(元),这比他"不交换"的所得(信封里的 40 元)多,因此,理性的 B 也应当"愿意交换"。

57. 是否改变选择

开始的时候,你选中的机会始终都是 1/3,选错的机会始终都是 2/3,这点是确定的。

当你打开一个 100 元的信封之后,如果坚持选择那个信封,会出现如下情形。

如果 10 000 元确实是在那个信封里,那么不管主持人是否打开那个 100 元的信封,你都一定会中奖,所以概率都是 $1/3 \times 1 = 1/3$。但是如果 10 000 元不在那个信封里,那么在主持人打开 100 元的信封后,剩下的那个信封 100% 是那个有 10 000 元钱的,所以如果你还是坚持选择那个信封,中奖的概率是 $2/3 \times 0 = 0$。那么加在一起,你中奖的概率是 1/3。

现在假设你改变了决定。

如果 10 000 元确实是在你选择的那个信封里,那么改选另一个信封,你中奖的概率是 $1/3 \times 0 = 0$。但是如果你原先猜错了,那么在主持人打开 100 元的信封之后,剩下的那个信封 100% 是那个有 10 000 元的,那样中奖的概率是 $2/3 \times 1 = 2/3$,因此加在一起,你中奖的概率是 2/3。

所以说,在这种情况下只要你改变原先的选择,中奖的可能性就会翻一番。

58. 纽科姆悖论

根据题意,无论哪种决定都会推出矛盾的结论。

这是一个新的悖论,而专家们还不知道如何解决它。

很显然,在这个问题上可以有两大派:一派主张正确的答案是只要第二个盒子,他们是一盒论者;另一派主张正确的答案是两个盒子都要,他们是两盒论者。在这个问题上,双方不但需要千方百计地使自己的理论和方法更严谨、无漏洞,使自己的主张更具有说服力,而且需要指出对方的错误和疏漏。

之所以出现一盒论和两盒论的争论,关键在于原来设定的问题情境中有许多不确定和模糊的地方,所以争论双方都不但需要按照自己的理解用语义分析和逻辑的方法去消除这种不确定性和模糊性,而且需要找出对方在语义分析和论证中有什么错误之处。

59. 如何选择

若我们假定选择 A 为不合理的选择,则选择 A 比选择 B 多 90 万元,这又使得选择 A 成为合理的选择。反之,若选择 A 是合理的选择,则选择 A 将至少比选择 B 少 10 万元,因此,选择 A 又成了不合理的选择。

所以这是一个两难悖论,无法选择。

60.聪明的弟子

这个聪明的弟子看着广阔无边的麦田动起了脑筋:一看到好的麦穗就摘肯定是不可行的,看到好的麦穗总也不摘,期待会有更好的同样是不可取的。这样,就必须做一个比较。麦田很大,可以将其分成三段,走到第一段时可以将其中的麦穗分成大、中、小三类;走到第二段时我要验证一遍以免出错;而走到第三段时就可以验收成果了,只需从大类中找到最大最饱满的一株麦穗,虽然不一定是整个麦田中最大最饱满的,但也差不了多少,足以令人满意了。第三个弟子就是按照他的这个想法实行的,最终愉快地走完了全程。

61.少数派游戏

如果能在一小时内成功地找到 7 个相信你的人与你结盟,那恭喜你们队会百分之百地获得胜利。在游戏的第一轮中,你安排本队 8 个人中的 4 个人亮红牌,4 个人亮黑牌,因此无论如何,在这一轮中总有本队的 4 个人存活下来。第一轮游戏的最坏情况是 10∶12 胜出,因此存活下来的人中最多还有 6 个人不是你们队的人。在第二轮比赛中,你们队的 4 个人按之前的战术安排,让其中 2 个人亮红牌,另外 2 个人亮黑牌,因此,这一轮后留下来的人中总有你们队的 2 个人,最坏情况下还有 2 个别的人。最后一轮中,你们队 2 个人一个亮红牌,另一个亮黑牌,这就可以保证获胜了。只要另外两个人是未经商量随机投票的,总会在某个时间点他们俩恰好都投到一边去,于是最终的胜利者永远是你们队的人。比赛结束后,胜出者按约定与队伍里的另外 7 个人平分奖金,完成整个协议。

当然,这是一个充满欺诈和谎言的游戏,你无法确定本队的 7 个人是否都是好人,会不会在拿到奖金之后逃之夭夭。同时,你自己也可以想方设法使自己存活到最后,在拿到奖金以后突然翻脸不认人,使自己的收益最大化。不过,成功骗 7 个人会很容易,但要保证自己能留到最后就很难了。不过,还有一种做法,可以保证你能拿走全部的奖金。当然前提是,你能成功地骗过所有人,让大家都相信你。

首先,找 7 个人和你一起秘密地组建一支队伍,把上述策略说给他们听。其次,再找另外 7 个人和你秘密地组建另一支队伍,并跟他们也部署好上面所说的必胜策略。现在应该还剩下 7 个人,把剩下的这 7 个人也拉过来,秘密地组建第三支 8 人小队。现在的情况是,你成功地组建了三支 8 人小队,让每个人都坚信自己身在一个将要利用必胜法齐心协力获奖并平分奖金的队伍里。除了你自己之外,大家都不知道还有其他队伍存在。在第一轮游戏中,你指示每支队伍里包括你自己在内的其中 4 个人亮红牌,其余的人都亮黑牌。这样下来,亮红牌的有 10 票,亮黑牌的有 12 票,于是你和每支队伍里除你之外的另外 3 个人获胜。在下一轮游戏中,你让每支队伍里包括你在内的其中两人亮红牌,其他人都亮黑牌,这样红牌有 4 票,黑牌有 6 票,你再次胜出。最后,你自己亮红牌,并叫每个人都亮黑牌,这就保证了自己可以胜出。拿到奖金后,再突然翻脸不认人,背叛所有人,逃之夭夭。

当然,这只是游戏的方法,现实生活中是不能这样做的,因为这样很不道德。

62. 蜈蚣博弈的悖论

如果一开始 A 就选择不合作,则两个人各得 1 的收益;而 A 如果选择合作,则轮到 B 选择; B 如果选择不合作,则 A 收益为 0,B 的收益为 3;如果 B 选择合作,则博弈继续进行下去。

可以看到每次合作后总收益在不断增加,合作每继续一次总收益增加 1,如第一个括号中总收益为 1+1=2,第二个括号中总收益为 0+3=3,第三个括号中总收益则为 2+2=4。这样一直下去,直到最后两个人都得到 10 的收益,总体效益最大。遗憾的是这个圆满结局很难实现。

大家注意,在图 3-1 中最后一步由 B 选择时,B 选择合作的收益为 10,选择不合作的收益为 11。根据理性人的假设,B 将选择不合作,而这时 A 的收益仅为 8。A 考虑到 B 在最后一步将选择不合作,因此他在前一步将选择不合作,因为这样他的收益为 9,比 8 高。B 也考虑到了这一点,所以他也要抢先 A 一步采取不合作策略……如此推导下去,最后的结论是:在第一步 A 将选择不合作,此时各自的收益为 1,这个结论是令人悲哀的。

不难看出,这个结论是不合理的,因为一开始就停止,A、B 均只能获取 1,而采取合作性策略有可能平均获取 10。当然,A 一开始采取合作性策略有可能获得 0,但 1 或者 0 与 10 相比实在是很小。直觉告诉我们采取"合作"策略是好的。而从逻辑的角度看,A 一开始应选择"不合作"的策略。人们在博弈中的真实行动"偏离"了博弈的理论预测,造成二者间的矛盾和不一致,这就是蜈蚣博弈的悖论。

63. 酒吧问题

每个参与者只能根据以前去的人数的信息归纳出策略来,没有其他信息,他们之间更没有信息交流。

这是一个典型的动态博弈问题,这是一群人之间的博弈。如果许多人预测去酒吧的人数多于 60,而决定不去,那么酒吧的人数将很少,这时候预测就错了。如果有很大一部分人预测去酒吧的人数少于 60,而去了酒吧,则去的人很多,多于 60,此时他们的预测也错了。因此,一个做出正确预测的人应该能知道其他人是如何做出预测的。但是在这个问题中每个人的预测信息来源是一样的,即都是过去的历史,而每个人都不知道别人如何做出预测,因此,所谓的正确预测是没有的。每个人只能根据以往历史"归纳地"做出预测,而无其他办法。阿瑟教授提出这个问题也是强调在实际中归纳推理对行动的重要性。

因此,对于这样的博弈的参与者来说,问题是他如何才能归纳出合理的行动策略。

例如,如果前面几周去酒吧的人数如下:

44,76,23,77,45,66,78,22

不同的行动者可能会做出不同的预测,例如,有人预测:下次的人数将是前 4 周的平均数(53),前一周没去的人数(78),或者与前面隔一周去的人数相同(78)。

通过计算机的模拟实验,阿瑟得出一个有意思的结果:不同的行动者是根据自己的归纳来行动的,并且去酒吧的人数没有一个固定的规律。经过一段时间以后,去酒吧的平均人数很快会达到 60,即经过一段时间,这个系统中去与不去的人数之比是 60:40,尽管每个人不会固定地属于去酒吧或不去酒吧的人,但这个系统的这个比例是不变的。阿瑟说,预测者自主地形成一个生态稳定系统。

这就是酒吧问题。对下次去酒吧的确定人数,我们无法做出肯定的预测,这是一个混沌现象。

首先,混沌系统的行为是不可预测的。对于酒吧问题,由于人们根据以往的历史来预测以后去酒吧的人数。我们假定这个过程是这么进行的:过去的历史人数很重要,但过去的历史可以说是"任意的",未来就不可能得到一个确定的值。

其次,这是一个非线性过程。所谓非线性过程是,系统未来对初始值有强烈的敏感性。这就是人们常常说的"蝴蝶效应":在北京的一只蝴蝶扇动了一下翅膀,最后导致美国华盛顿下了一场大暴雨。

在酒吧问题中,同样有这样的情况。假如其中一个人对未来的人数做出了一个预测而决定第 n 天去还是不去酒吧,他的行为反映在下次去酒吧的人数上,这个数目对其他人的预测及第 $n+1$ 天去和不去的决策造成影响,即第 $n+1$ 天中去酒吧的人数中含有他第 n 天的决策的影响。而他对第 $n+2$ 天人数的预测要根据 $n+1$ 的人数预测,这样,他第 n 天的预测及行为给其他人造成的影响反过来又对他第 $n+2$ 天的行为造成了影响。随着时间的推移,他的第 n 天的决策效应会越积越多,从而使得整个过程是不可预测的。

64．倒推法博弈

B 通过分析得出:A 的威胁是不可信的。原因是:当 B 进入的时候,A 阻挠的收益是 2,而不阻挠的收益是 4,因为 4>2,因此理性人是不会选择做非理性的事情的。也就是说,一旦 B 进入,A 的最好策略是合作,而不是阻挠。因此,通过分析,B 选择了进入,而 A 选择了合作,双方的收益各为 4。

在这个博弈中,B 采用的方法为倒推法,或者说逆向归纳法,即当参与者做出决策时,他要通过对最后阶段的分析,准确预测对方的行为,从而确定自己的行为。

在这里,双方必须都是理性的。如果不满足这个条件,就无法进行分析。

另外,作为 A,从长远的利益出发,为了避免以后还有人进入该市场,A 会宁可损失,也要对进入者做些惩罚,这样就会出现其他结果。大家可以继续深入思考。

65．将军的困境

这就是"协同攻击难题",它是由格莱斯(J.Gray)于 1978 年提出的。糟糕的是,有学者证明,不论这个情报员来回成功地跑多少次,都不能使两个将军一起进攻。问题在于,两个将军协同进攻的条件是"于黎明一起进攻",这是将军 A、B 之间的公共知识,然而无论情报员跑多少次,都不能够使 A、B 之间形成这个公共知识。

66．有病的狗

答案是 3 条病狗。

假设只有 1 条病狗,这条病狗的主人观察到其他人的狗都是健康的,所以他马上就能断定是自己的狗生了病,在当天就能开枪杀死它。

假设有 2 条病狗,主人分别是甲和乙。甲在第一天观察到了乙的病狗,所以他无法判断自己的狗有没有生病。但是等到第二天的时候,甲发现乙没有在第一天开枪,说明乙和甲一样也在第一天观察到了一条病狗。而甲已经知道除自己和乙以外,其他人的狗都是健康的,所以乙观察到的病狗肯定是甲自己的那条,这样,甲在第二天开枪杀死了自己的狗。同样的推理过程,乙也在第二天杀死了自己的狗。

假设有 3 条病狗,主人分别是甲、乙、丙。甲在第一天观察到了乙和丙的病狗,他按照刚才的推理过程知道,如果只有那两条狗生病,那么乙和丙会在第二天杀死他们自己的狗。乙和丙也是一样的推理过程,所以他们三个人在等待另外两人的枪声中度过了第二天,结果第二天没人开枪,他们就知道了另外两人也各自看到了两条生病的狗,也就是自己的狗是生病的,这样三个人在第三天开枪杀死了自己的狗。

这个推理过程可以一直延续,到最后如果 50 条都是病狗,那么狗的主人们要一直等到第五十天才能确认自己的狗真的生了病。

67.村口的一排树

在老太太做了宣布之后的第一天,如果村里只有一个孩子恋爱,这个孩子的父母在老太太宣布之后就能知道,因为如果其他孩子恋爱,她应当事先知道,既然不知道并且至少有一个孩子恋爱,那么肯定是自己的孩子。因此,村里如果只有一个孩子恋爱,老太太宣布之后,当天这个孩子的父母就会去村口种树。

如果村里有两个孩子恋爱,这两个孩子的父母第一天都不会怀疑到自己的孩子,因为他们知道另外一个孩子恋爱了。但是当第一天过后他们发现那个孩子的父母没去村口种树,那么他们会想,肯定有两个孩子恋爱了,否则他们知道的那个恋爱的孩子的父母在第一天就会去种树的。既然有两个孩子恋爱了,但他们只知道一个,那么另一个肯定是自己的孩子了。

事实上这个村子里的 100 个孩子都恋爱了,那么,这样推理会继续到第 99 天。也就是说,前 99 天每个父母都没怀疑自己的孩子恋爱了,而当第 100 天的时候,每个父母都确定地推理出自己的孩子恋爱了,于是都去村口种树了。

68.损坏的瓷器

两个女孩各自心里都想,航空公司认为这个瓷器价值在 1000 元以内,而且如果自己给出的损失价格比另一个人低,就可以额外再得到 200 元,而自己的实际损失是 888 元。

"中原一点红"又想:航空公司不知道具体价格,那么"沙漠樱桃"肯定会认为多报损失就会多得益,只要不超过 1000 元即可,那么那个女孩最有可能报的价格是 900 ~ 1000 元的某一个价格,所以我就报 890 元,这样航空公司肯定认为我是诚实的好女孩,从而奖励我 200 元,这样我实际就可以获得 1090 元。那个女孩因为说谎,就只能拿到 890 元了。

两人考虑到此就都会写 890 元。

这时"沙漠樱桃"也会想:那个"中原一点红"一看就知道是个精明的丫头,她应该会想到写 890 元,我就填原价 888 元。

"中原一点红"也不会吃亏的。她一想:那个"沙漠樱桃"肯定已经想到我要写 890 元了,这样她很可能会填真实价格,那我要填 880 元,低于真实价格。

"沙漠樱桃"又想了想,觉得应该再低一点,所以填了 800 元。

我们都知道，计谋的关键是要能算得比对手更远，于是这两个极其精明的姑娘相互算计，最后，她们很可能都会填 689 元。她们都认为，原价是 888 元，而自己填 689 元肯定是最低了，加上奖励的 200 元，就是 889 元，还能赚上 1 元。

最后，航空公司收到她们的申报损失，发现两个人都填了 689 元。航空公司本来预算的 2198 元赔偿金现在只需赔偿 1378 元就能行。而两个超级精明的姑娘，则各自只能拿到 689 元，还不足以弥补瓷器的本来损失。

69．分遗产

我们先考虑一种简单的情况，假如姐姐和弟弟的偏好排序如下的时候。

姐姐：1—冰箱   2—洗衣机   3—自行车   4—洗碗机   5—笔记本电脑   6—打火机。

弟弟：1—笔记本电脑   2—打火机   3—洗碗机   4—自行车   5—冰箱   6—洗衣机。

如果诚实地选择，结果是：姐姐选了冰箱、洗衣机和自行车，弟弟选了笔记本电脑、打火机和洗碗机。

姐姐得到了 6 件物品中她认为价值最高的 3 件物品，弟弟同样得到了他希望得到的价值在前 3 位的物品。两人对分配均满意。这是一个"双赢"分配。

这里所实现的"双赢"分配，其基础是：我们假定了他们对不同的物品的估价"差别较大"，或者说不同物品在不同的人那里其"效用"是不同的。为了分析这里的分配是双赢的结果，我们设定他们对每件物品进行打分，假定满分为 100 分，姐姐和弟弟分别将这 100 分分配给不同的物品。具体如下。

姐姐：1—冰箱 28 分   2—洗衣机 22 分   3—自行车 20 分   4—洗碗机 15 分   5—笔记本电脑 10 分   6—打火机 5 分。

弟弟：1—笔记本电脑 30 分   2—打火机 25 分   3—洗碗机 20 分   4—自行车 15 分   5—冰箱 5 分   6—洗衣机 5 分。

这样，姐姐总共得到了 70 分，弟弟得到了 75 分。两人分配得到的结果都大大超过了 50 分。勃拉姆兹教授在《双赢解》一书中还提出了分配的"无嫉妒原则"。也就是说，姐姐的所得为 70 分，弟弟的所得为 75 分，姐姐也不会嫉妒弟弟。如此看来，这样的分配确实是双赢的。

在上述的分配中，我们假定姐姐和弟弟对不同物品的估价或者排序是不同的。如果他们的估价差不多，那情形又将如何呢？

假定姐姐和弟弟对不同物品估价后进行的排序如下。

姐姐：1—冰箱   2—笔记本电脑   3—自行车   4—洗碗机   5—洗衣机   6—打火机。

弟弟：1—笔记本电脑   2—打火机   3—洗碗机   4—自行车   5—冰箱   6—洗衣机。

同样，由姐姐先选。

在这样的选择中，如果每个人进行的选择是诚实的，即每个人在进行选择时，都是从剩下的物品中选择自己认为价值最高的物品，那么结果是：

姐姐选择了冰箱、自行车和洗衣机；

弟弟选择了笔记本电脑、打火机和洗碗机。

在这个分配中，姐姐获得了她认为的价值"第一""第三"和"第四"的物品，弟弟获得了他认为价值"第一""第二"和"第六"的物品。

这样的分配对双方来说虽然不是最好的结果,但是双方应该对这个分配结果感到满意。

在这个例子中,聪明的读者会想道:如果姐姐第一次不选择冰箱,而先选择笔记本电脑,情形会怎样呢? 即姐姐的选择是有策略性的,而不是诚实的,因为姐姐知道在弟弟那里笔记本电脑排第一,而冰箱排倒数第二。姐姐第一次选择了笔记本电脑,轮到弟弟选择时,弟弟也不会选择冰箱,而会选择打火机。那样结果就是:

姐姐选择了冰箱、笔记本电脑和自行车。

弟弟选择了打火机、洗碗机和洗衣机。

这样姐姐得到了她认为的最值钱的前三位东西。而弟弟得到了他认为的"第二""第三"及"第六"位价值的物品。

当然,如果弟弟对自己的分配所得的结果不满意,他同样可以采取策略性行为。当他看到姐姐采取策略性行为而选择了笔记本电脑时,轮到他选择时,他先选择冰箱。尽管冰箱在他看来价值最低,但他知道冰箱在姐姐那里价值最高,当他选择了冰箱后,他可以用它与姐姐交换笔记本电脑。这样一来,情形就比较复杂了。大家不妨自己分析一下此时的结果。

70. 抢糖果

先拿 4 颗,之后哥哥拿 n 颗 ($1 \leqslant n \leqslant 5$),弟弟就拿 $6-n$ 颗。如果每一轮都是这样,就能保证弟弟能得到最后一颗糖果。

(1) 我们不妨逆向推理,如果只剩 6 颗糖果,让哥哥先拿,弟弟一定能拿到第 6 颗糖果。理由是:如果哥哥拿 1 颗糖果,弟弟会拿 5 颗糖果;如果哥哥拿 2 颗糖果,弟弟会拿 4 颗糖果;如果哥哥拿 3 颗糖果,弟弟会拿 3 颗糖果;如果哥哥拿 4 颗糖果,弟弟会拿 2 颗糖果;如果哥哥拿 5 颗糖果,弟弟会拿 1 颗糖果。

(2) 我们再把 100 颗糖果从后向前按组分开,6 颗糖果一组。100 不能被 6 整除,这样就分成 17 组,第 1 组 4 颗糖果,后 16 组每组 6 颗糖果。

(3) 弟弟先把第 1 组的 4 颗糖果拿完;后 16 组每组都让哥哥先拿,弟弟拿剩下的。这样弟弟就能拿到第 16 组的最后一颗糖果,即第 100 颗糖果了。

71. 花瓣游戏

后摘的人可以获胜。首先,如果先摘的人摘了一片花瓣,那么后摘的人就在花瓣的另一边对称的位置摘去两片花瓣;如果先摘的人摘了两片花瓣,那么后摘的人在花瓣的另一边摘去一片花瓣,这时还剩下 10 片花瓣,而且被分为相等的两组,每组 5 片相邻的花瓣。在以后的摘取中,如果先摘的人摘一片,后摘的人也摘一片;如果先摘的人摘两片,后摘的人也摘两片,并且摘的花瓣是另一组中对应的位置,这样下去,后摘花瓣的人一定可以摘到最后的那片花瓣。

72. 该怎么下注

跟丽莎小姐一样,押 500 个金币在"3 的倍数"上就可以。

基本上只要跟丽莎小姐用同样的方法下注就可以了。如果丽莎小姐赢了，周星星先生也会得到同样的报酬，他们的名次就不会受到影响；如果丽莎小姐输了，就更不会影响到名次了。

事实上周星星先生只要押 401 个以上的金币，如果赢了，金币就会在 1502 个以上，他仍然是第一名。所以，在这种场合，手里有较多金币的人便是赢家。

73. 不会输的游戏

要明白"15 点"游戏的道理，其诀窍在于看出它在数学上是等价于"井"字游戏的。使人感到惊奇的是，该等价关系是建立在著名的 3×3 魔方（也就是九宫格）的基础上的，而 3×3 魔方在中国古代就已发现。要了解这种魔方的妙处，先列出其和均等于 15 的所有 3 个数字的组合（不能使两个数字相同，不能有零）。这样的组合只有 8 组。

$$1+5+9=15$$
$$1+6+8=15$$
$$2+4+9=15$$
$$2+5+8=15$$
$$2+6+7=15$$
$$3+4+8=15$$
$$3+5+7=15$$
$$4+5+6=15$$

2	9	4
7	5	3
6	1	8

图 3-3

现在我们仔细观察一下图 3-3 这个独特的 3×3 魔方。

应当注意的是，这里有 8 组元素，8 组都在 8 条直线上：三行、三列、两条主对角线。每条直线等同于 8 组 3 个数字（它们加起来是 15）中的一组。因此，在游戏中每组获胜的 3 个数字，都由某一行、某一列或某条对角线在方阵上代表。

很明显，每一次游戏与在方阵上玩"井"字游戏是一样的。庄家在一张卡片上画上这个魔方图，把它放在游戏台下面，只有他能看到。在进行"15 点"游戏时，庄家暗自在玩卡片上的"井"字游戏。玩这种游戏是绝不会输的，假如双方都正确无误地进行，最后就会出现和局。然而，被拉进游戏的人总是处于不利的地位，因为他们没有掌握"井"字游戏的秘诀。因此，庄家很容易设置埋伏，让自己轻松获胜。

74. 骰子赌局

3 个骰子可以掷出来的结果有 $6×6×6 = 216$（种），它们的可能性均等，任取一个数字，例如 1，出现一个 1 的可能性为 $3×(1/6)×(5/6)×(5/6) = 75/216$，出现两个 1 的可能性为 $3×(1/6)×(1/6)×(5/6) = 15/216$，出现三个 1 的可能性为 $(1/6)×(1/6)×(1/6) = 1/216$，所以在 216 次中赢的概率为 91/216，输的概率是 125/216。因为每次得到的钱不一样，也就是说有 75 次赢 1 元，15 次赢 2 元，1 次赢 3 元，一共可以赢 $75 + 30 + 3 = 108$（元），则将要输掉 125 元。所以赌局是对庄家有利的，庄家的收益率是 $(125-108) ÷ 216 ≈ 7.9\%$。

75．与魔术师的比赛

战略是这样的，观众先把第一颗棋子放在圆盘的正中央，然后他再放棋子时，棋子总是以圆盘为中心和魔术师放的棋子对称，这样，观众总是有地方放棋子，直到魔术师无法再往圆盘上放，不管盘子和棋子多大或多小都一样。

76．猜纸片

有优势。

假设朝上的是√，朝下的是√或 × 的机会并不是 1/2。

朝下的是√的机会有两个：一个是第一张卡片的正面朝上时，另一个是第一张卡片的反面朝上时。但朝下的是 × 的机会，只有当第二张卡片正面朝上的时候，也就是说，只要回答朝上那面的图案，他就有 2/3 的机会赢。

77．怎样取胜

甲方的将军先是撒腿就跑，这样敌方的三个人马上开始追赶。但是每个人跑的速度都不同，一段时间之后，三个人就拉开了一段距离，这样甲方的将军就有机会将他们各个击败，战胜他们。

78．罪犯分汤

先由分汤的罪犯把汤分成 8 份，剩下的 7 个人先选择，最后剩下的那一份留给分汤的犯人，这样分汤的犯人为了自己的公平，就必须把汤分得平均。

79．检验毒酒

最少 10 个人就够了。

把 10 个人编号为 1 ~ 10；再把 1000 瓶酒用二进制编号，分别为 0 000 000 000，0 000 000 001，…，1 111 111 111，一共有 1024 种组法。把每种组法对应一瓶酒，足够 1000 瓶酒。酒的编号中第几位为 1，就把该酒喂给第几个人，最后看死了哪几个人，便可以判断出哪瓶酒有毒了。

80．杯子测试

如果只有一个杯子，我们想找出恰巧会使杯子破碎的楼层，只能从第一层开始一层层往上尝试，直到这个杯子在某一层掉下去后摔碎为止。最差的情况下，我们需要试 100 次（目标楼层是第 100 层）。

现在我们有两个杯子，就可以先用第一个杯子跳着楼层尝试，确定出"恰巧会使杯子破碎的楼层"的大概范围，再在这个范围里用第二个杯子从小到大地一层层尝试，直到找到目标楼层。

比如说，我们用第一个杯子从第 20 层开始尝试，然后是第 40 层、第 60 层，直到在第 80 层的时候摔碎了，这就确定了目标楼层在第 61 层到第 80 层中。然后我们用第二个杯子从 61 层开始一层一层地尝试，直到在其中某一层摔碎。如果用这种方式，最差情况下需要尝试 24 次（目标楼层是第 99 层或第 100 层）。

但如果我们换一种方式挑选第一个杯子尝试的楼层，最终结果就会不一样。比如说，我们从第 10 层开始每隔 10 层尝试一次，最差的情况下只需尝试 19 次（目标楼层是第 99 层）。所以我们的目标是优化用第一个杯子尝试的楼层挑选方案，使得最差的情况下的尝试次数最少。

为了方便理解，我们把总楼层减少到 9 层，用一个方块表示一个楼层，把第一个杯子尝试的楼层分组横向放在一起。比如我们第一个杯子的尝试方案如果是 "3、6、8"，九个格子就如图 3-4 所示这样排列。

9 层		
7 层	8 层	
4 层	5 层	6 层
1 层	2 层	3 层

图 3-4

于是我们先在第 3 层尝试第一个杯子的时候，就相当于在确认目标楼层是否在上图的最下一行里。如果第一个杯子碎了，就用第二个杯子在图 3-4 最下一行里从左到右进行尝试；如果没碎，接着从图 3-4 中由下往上尝试第 6 层、第 8 层……直到确认目标楼层所在的行，并用第二个杯子在此行从左往右尝试。

那么在这个方案中，如果目标楼层是第 5 层，我们需要尝试几次？第一个杯子先尝试第 3 层没碎，再尝试第 6 层碎了，说明目标楼层在图 3-4 中倒数第二行里。于是用第二个杯子从左往右先试第 4 层没碎，再尝试第 5 层碎了，找到目标楼层。这样共尝试了 4 次。

我们把每层楼如果是目标楼层的话需要尝试的次数填到图 3-4 中，得到图 3-5。

4 次		
4 次	4 次	
3 次	4 次	4 次
2 次	3 次	3 次

图 3-5

最差的情况下需要尝试 4 次，而且其中的规律很明显，从左下角的方格开始横向或纵向移动到某一个方格需要的步数加 2（如果是最右边的方格就加 1），就是此方格里的数字。如果现在有 10 层楼，我们肯定把多出来的方格放到图 3-5 的最右下角，变成一个横纵都是四格的三角形，如图 3-6 所示。

最差的情况下仍然只需尝试 4 次。

第 10 层 4 次			
第 8 层 4 次	第 9 层 4 次		
第 5 层 3 次	第 6 层 4 次	第 7 层 4 次	
第 1 层 2 次	第 2 层 3 次	第 3 层 4 次	第 4 层 4 次

图 3-6

所以 11 ～ 15 层的情况就是在图 3-6 的每一行往右加一格，直到变成横纵都是五格的三角形。以此类推，题中一共有 100 层，我们需要一个横纵十三格的三角形共 91 个格子，剩下的 9 个格子分散在其中的九行中。

因此，可以得出结论：最差的情况下需要尝试 14 次，并且有不止一种尝试方案 [实际有 C（9,13）= 715（种）方案]。比如，第一个杯子由小到大尝试 13、25、36、46、56、65、73、80、86、91、95、98、100 层，直到第一个杯子在某一层摔碎；再用第二个杯子在第一个杯子最后一次没摔碎的楼层往上开始尝试，直到在某一层第二个杯子摔碎，这一层就是我们要找的"恰巧会使杯子破碎的楼层"。

题目可归结为求自然数列的和 S 什么时候大于等于 100，解得 $n > 13$。

81. 逃脱的案犯

"飞毛腿"可以逃脱。

若是"飞毛腿"将船划向黑猫警长所在岸的对称方向，那么它要行进的距离为 R，黑猫警长要行进的距离为 $3.14R$，因为"飞毛腿"划船的速度是黑猫警长奔跑速度的 1/4，所以它在划到岸边之前黑猫警长就能赶到，这种方法行不通。

正确的方法是："飞毛腿"把船划到略小于 1/4 圆半径的地方，比如说 $0.24R$。然后以湖的中心为圆心，做顺时针划行。在这种情况下，"飞毛腿"的角速度大于在岸上的黑猫警长能达到的最大角速度。这样划下去，它就可以在某一个时刻，处于离黑猫警长最远的地方，也就是和黑猫警长在一条直径上，并且在圆心的两边。然后"飞毛腿"把船向岸边划，这时它离岸边的距离为 $0.76R$，而黑猫警长要跑的距离为 $3.14R$。由于 $4 \times 0.76R < 3.14R$，所以"飞毛腿"可以在黑猫警长赶到之前上岸，并用最快的速度逃脱。

第四章　过河问题

过河问题也叫过桥问题,是一个非常古老且流传甚广的经典逻辑问题。

一个经典问题原文如下。

一个人带着一匹狼、一只羊和一捆草过河,可是河上没有桥,只有一艘小船。由于船太小,一次只能带过去一样。可是当他不在场的时候,狼会咬羊,羊会吃草。如何做才能使羊不被狼吃,草不被羊吃,而全部渡过小河呢?

答案是这样的:首先人带着羊过河,然后放下羊空手返回,带着狼过河;接着把羊带回去,带草过河;最后返回接羊。这样就可以全部安全过河了。

过河问题还有许多其他形式,所带的物品也各不相同,但相同的是每次携带的数量有限,而且在人不在的时候,留在同一岸边的物品间会存在不相容的关系。如何在满足条件的基础上顺利过河,就成了处理这类问题的关键。

一般来说,这些携带的物品中都会有一个中间过渡的物品,只要把这个过渡物品经常随身携带,就可以最大限度地减少不相容的情况发生。

这类问题对锻炼我们的协调调度能力,以及生活中的时间和工作安排等方面,都有比较大的启发与指导作用,不要轻视。

纵向扩展训练营

82. 走独木桥

老李带着一只狗、一只猫和一筐鱼过独木桥,由于狗和猫不敢过,老李要抱着它们过去。为了自身的安全,一次只能带一样东西过桥。但是当老李不在的时候,狗会咬猫,猫会吃鱼。

请问:老李怎么做才能把三样东西都带过河?

83. 过河

两个女儿、两个儿子、一个爸爸、一个妈妈、一个警察、一个罪犯,他们要过一条河,河上只有一艘小船,小船每次只能乘坐两个人,其中只有爸爸、妈妈和警察会划船。

而且当妈妈不在的时候,爸爸会打女儿;爸爸不在的时候,妈妈会打儿子;而罪犯只要警察不在,谁都会打。

请问：他们怎样才能安全过河？

84．狼牛齐过河

前提：在河的任何一岸，只要狼的个数超过牛的个数，那么牛就会被狼杀死吃掉；而狼的个数等于或者少于牛的个数，则没事。现在有三只狼和三头牛要过河，只有一艘船。一次只能两个动物搭船过河。请问：如何才能让所有的动物都安全过河？

85．动物过河

大老虎、小老虎、大狮子、小狮子、大狗熊、小狗熊要过一条河，其中任何一种小动物缺少了自己同类大动物的保护，都会被别的大动物吃掉。6只动物中，只有大老虎、小老虎、大狮子、大狗熊会划船，可现在只有一艘船，一次准坐2只，那么怎样才能保证6只动物顺利到达彼岸而不被吃掉？

不许欺负我的孩子！

86．触礁

一天，一艘轮船触礁了，大约有25分钟就会沉没。轮船备有一只可以载5人的皮划艇，从沉船到最近的小岛需要4分钟的时间。请问：最多可以有几个人被救？

87．急中生智

有个农民挑了一对竹筐，赶集去买东西。当他来到一座独木桥上时，对面来了一个孩子，他想退回去让孩子先过桥，但是回身一看，后面也来了一个孩子。正在他进退两难之际，农民急中生智，想了个巧办法，使大家都顺利地通过了独木桥，而且三人之中谁也没有后退过一步。请问：农民用的是什么方法？

88．摆渡

有12个人要过河，河边只有一艘能够载3个人的小船。请问：这12个人都过河，需要渡几次？

89．巧过关卡

第二次世界大战爆发后，德军对犹太人的迫害达到顶点。乔安娜那时6岁，一家人想要逃出柏林，她爸爸托人拿到了一张通行证。一家4人来到了位于柏林城外一个独木桥上的关卡，上面贴了告示，规定：一个通行证最多可以带两个人出入，且不记名也可重复使用。爸爸算了一下：爸爸单独走过独木桥需要2分钟，妈妈需要4分钟，乔安娜需要 8 分钟,奶奶需要 10 分钟。每次两个人出关卡,还需要有人把通行证拿回来。但是还有 24 分钟,城里的追兵就要追上来了。请问:他们能逃脱吗?

横向扩展训练营

90．错车

有两列火车,都是一个车头带着 40 节车厢。它们从相对的两个方向同时进入一个车站。这个车站很小,只有一条车道,还有一条不长的岔道,可以停一个车头和 20 节车厢。现在为了让两列火车都可以按原方向向前行驶,需要利用这个岔道错车。你知道该怎么做才能把两列火车错开吗?(火车各节车厢之间可以打开,但必须有车头牵引才能移动。)

91．环岛旅行

大富豪陈伯买了一座小岛,他在岛上建了一座码头,并买了两艘一样的游艇,想乘坐它们环岛旅行。可是这种游艇比较费油,它能携带的燃料只够游艇航行 120 千米,而陈伯的小岛周长是 200 千米,陈伯想用这两艘游艇相互加燃料的方法环岛旅行。请问:他该怎么做呢?(最后游艇必须返回码头。)

92．连通装置

图 4-1 所示为一个用导管相互连通的装置,这个装置共有 5 个水槽,其中 4 个装有 4 种不同的液体,分别是酒、油、水、奶,还有一个水槽空着。水槽之间有一些导管相连,可以打开和关闭。现在需要把 4 种液体换一下位置,使 A、B、C、D 槽中分别是奶、水、油、酒。请问该如何做?

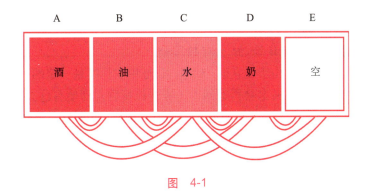

图　4-1

93．小明搬家

小明家有 6 个房间,分别放着办公桌、床、酒柜、书架和钢琴,如图 4-2 所示。小明想把钢琴和书架换个位置,但是房间太小,任何一个房间都无法放入两个家具,只有利用那个空房间才能把这些家具移动位置。请问:小明需要几次才能把钢琴和书架的位置调换呢?

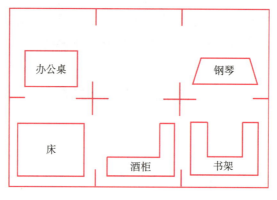

图 4-2

94．一艘小船

渔民一家有 3 个人，爸爸、妈妈和儿子，3 个人都有可能出海，家里只有一艘船。平时为了防止船丢失，会用一条铁链把船锁在岸边的一根柱子上。现在家里的 3 个人每个人有一把 U 形锁，且每把锁都只有一把钥匙。请问：3 个人该如何锁船才能确保他们都可以单独打开和锁上这艘船呢？

95．取黑白球

甲盒中放有 P 个白球和 Q 个黑球，乙盒中放有足够的黑球。现每次从甲盒中任取两个球放在外面。当被取出的两个球同色时，需再从乙盒中取一个黑球放回甲盒；当取出的两个球异色时，将取出的白球再放回甲盒；最后，甲盒中只剩两个球。请问：剩下一黑球一白球的概率有多大？

96．聪明的豆豆

豆豆要从 A 地运货物到 B 地，路上有数不清的关卡，都要向他征税。不过由于是在同一个国家，征税的标准是一定的：每过一个关卡就要缴纳货物的一半作为税，但关卡会再退回 1 千克的该货物。即使有这么苛刻的税收，路上随时还有军队增设关卡。为了保证货物能足量运到目的地，很多商人都会拉着足够多的货物上路。不过豆豆想了个法子，从 A 地到了 B 地，经过 15 个关卡后，却一点货物也没有失去，你知道是为什么吗？

97．关卡征税

有一个商人从巴黎运苹果到柏林去卖，刚刚离开巴黎的时候，他用一辆马车拉着这些苹果。不一会儿到了一个关卡，征税官对他说："现在德法两国正在打仗，税收比较高，需要征缴所有苹果的 2/3。"商人无奈，只好按规定给了足够的苹果数。交完税之后，纳税官又从商人剩下的苹果中拿了一千克，放进了自己的腰包。

商人很生气，但是又无可奈何，只能接着往前走了。没走多远，又到了一个关卡，同样这个关卡的人又从他的车上拿了 2/3 的苹果,外加一千克。之后,商人又经过了 3 个关卡,缴纳了同样的税和每个征税官一千克的苹果。终于到了柏林,商人把自己的遭遇告诉了妻子,并把最后一千克苹果给了她。

你能帮商人的妻子算一算商人从巴黎出发时,车上有多少千克苹果吗?

98. 逃避关税

美国海关已有数百年的历史,蓄谋逃避海关管理条例,简直比登天还难,但有一个进口商却明知山有虎,偏向虎山行。

在当时,进口法国女式皮手套得缴纳高额进口税,因此,这种手套在美国的售价格外昂贵。那个进口商跑到法国,买下了 10 000 副最昂贵的皮手套。随后,他仔细地把每副手套都一分为二,将其中 10 000 只左手手套发运到美国。

进口商一直不去提取这批货物,他让货物留在海关,直到过了提货期限。凡遇到这种情况,海关会将此作为无主货物拍卖处理,于是,这 10000 只舶来的左手手套全都被拿出来拍卖了。由于一整批左手手套毫无价值,这桩生意的投标人只有一个,就是那位进口商的代理人,他只出了一笔很少的钱就把它们全部买了下来。

这时,海关当局意识到了其中的蹊跷。他们告知下属:务必严加注意,一定还会有一批右手手套舶到,一定要将其扣押。

请问:进口商该用什么办法得到剩余的 10 000 只手套呢?

99. 哪种方式更快

有个母亲想要进城看正在读书的儿子,她知道每天有一辆公共汽车会经过自己所在的村子进城。她有下面几种选择:早上起来迎着公共汽车来的方向走,遇到公共汽车坐上去;在村口一直等公共汽车到来;往城里的方向走,公共汽车追上她的时候她就坐上。请问:三种方法中的哪一种可以让她更快地到达城里呢?

斜向扩展训练营

100. 搭桥

小明家门前有一条小河,呈直角形(如右图所示),河宽 3 米,小明想要去河的对面,但是家里只有两块正好也是 3 米长的木板,手中又没有其他工具可以将这两块木板接起来。请问:小明怎样才能过这条河呢?

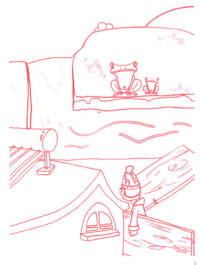

101. 小孩过河

在北方的一个小镇上,有一个 5 岁的小男孩,在儿童节这天,想去一条 2 米宽的河对岸的同学家玩,可是河上没有桥,小孩也跳不过去。也就是说,凭他自己的力量是不可能过去的。可是为什么才仅仅过了几个月,他就能轻轻松松地过河了呢?

102．不会游泳

有一个人想渡河，他看到河边有很多船夫等着，就问他们："哪位会游泳？"船夫都围上来，纷纷抢着回答："我会游泳，客官坐我的船吧！""我水性最好，坐我的船最安全了！"

其中只有一位船夫没有过来，只站在一旁看着，要过河的那人就走过去问："你会游泳吗？"

那个船夫不好意思地回答："对不起客官，我不会游泳。"

谁知要过河的那人却高兴地说道："那正好，我就坐你的船！"

其他船夫非常不满，就问："他不会游泳，万一船翻了，不就没人能救你了吗？"

请问：你知道渡河的人是怎么说的吗？

103．桥的承受能力

一名杂技演员去表演节目，路上要经过一座小桥。小桥只能承受 100 千克的重量，而杂技演员的体重为 80 千克，他还带着 3 个各重 10 千克的铁球。总重量明显比桥的承受能力要高，该怎么办呢？杂技演员灵机一动，想出了一个好办法。他把 3 个球轮流抛向空中，这样每时每刻总有一个球在空中，那么他就可以顺利地过桥了。请问：如果这样做，桥能支撑得住吗？

104．牧童的计谋

有一个农夫，想要自己盖一座房子，就到远处拉石料，他赶了一架牛车。他知道自己的重量是 75 千克，这头牛大概有 400 千克，车子有 50 千克。路上要经过一座桥梁，桥头立着一块石碑，上面醒目地写着这座桥的最大载重量是 650 千克。去的时候他并没有在意，虽然车子经过时，桥有点颤颤巍巍的。回程时，他拉了 250 千克的石料，走到桥头时却犯了难，如果就这样过去，桥一定会被压塌的，怎么办呢？就在他一筹莫展的时候，过路的一个牧童给他出了一个主意。按照牧童的想法，牛车竟然顺利地过了这座桥，石料也安全地运到了家。

请问：牧童是如何让牛车和石料顺利地通过桥梁的呢？

105．天堂还是地狱

假设天堂和地狱在某个秘密的角落里是相连的，这个通道是上帝与撒旦约定交换特殊灵魂的地方。大家都知道通过这个通道从地狱到天堂和从天堂到地狱的时间都是一样的：16 分钟——大家把这个称为"黄金 16 分钟"，如果有哪个灵魂从地狱升到了天堂，那他就可以享受天堂的快乐；而如果某个灵魂不小心从天堂掉进了地狱，就会到地狱受苦。为了避免这种事情发生，上帝在这个通道口设了看守人，由于这个工作很无聊，上帝允许这个看守人每 9 分钟看一眼通道就行，如果发现有灵魂出没，就责令他回去。在这个严苛的制度下，没有灵魂能来回出入。但传说有一个灵魂从地狱溜到了天堂，你能想象出他是怎么做到的吗？

106. 如何通过

一艘船顺水而下,在要通过一个桥洞时,发现货物比桥洞高出约1厘米,需要卸掉一些货物才能通过。无奈货物是整装的,一时无法卸下。

请问:有什么办法能够不卸货物,而使船通过呢?

答　　案

82. 走独木桥

老李先抱着猫过河,然后回来把狗带过去;再回来的时候把猫带回来,放在对岸;稍后把鱼带过去;最后再回来带猫,这样就可以安全过河了。

83. 过河

警察与罪犯先过河,警察返回。

警察与儿子1过河,警察与罪犯返回。

爸爸与儿子2过河,爸爸返回。

爸爸与妈妈过河,妈妈返回。

警察与罪犯过河,爸爸返回。

爸爸与妈妈过河,妈妈返回。

妈妈与女儿1过河,警察与罪犯返回。

警察与女儿2过河,警察返回。

警察与罪犯过河,成功!

84. 狼牛齐过河

两只狼过河,一只狼返回。

两头牛过河,一狼一牛返回。

两头牛过河,一只狼返回。

最后剩下的都是狼了,可以随便过河了。

85. 动物过河

大老虎、小老虎、大狮子、小狮子、大狗熊、小狗熊用字母表示,分别为A、a、B、b、C、c,其中A、a、B、C会划船。

ab 一起过河, a 划船返回,对岸有 b。

ac 一起过河, a 划船返回,对岸有 bc。

BC 一起过河, Bb 划船返回,对岸有 Cc。

Aa 一起过河, Cc 划船返回,对岸有 Aa。

BC 一起过河, a 划船返回,对岸有 ABC。

ab 一起过河, a 划船返回,对岸有 ABbC。

ac 一起过河,对岸有 AaBbCc。

86. 触礁

船可以救人 4 次，第一次救 5 人，因为需要有人划船，所以第二次、第三次和第四次，每次只能救 4 人，一共为 5+4+4+4=17（人）。

87. 急中生智

让两个孩子分别坐在一个竹筐里，然后这个农民把竹筐前后调一下，这样两个孩子就换过来了，谁也不用后退了。

88. 摆渡

6 次。相当于一个船夫和 11 个顾客。

89. 巧过关卡

能逃脱。爸爸和妈妈先过去，爸爸再回来，用了 6 分钟。乔安娜和奶奶过去，需要 10 分钟；妈妈再拿通行证回来，用去 4 分钟；然后爸爸和妈妈再出关卡，又是 4 分钟。一共 24 分钟，出关卡。

90. 错车

设两列火车分别为甲和乙。甲车先停下来，分出 20 节车厢，然后车头带着 20 节车厢驶入岔道。再把 20 节车厢放在岔道，甲车头回去取路上停的 20 节车厢，原地待命。此时，乙车带着自己的 40 节车厢驶过岔道，与岔道处放置的 20 节车厢连在一起，把 60 节车厢拉到路上，然后退回自己原来的位置。这时，甲车带着 20 节车厢驶入岔道，让乙车带着 60 节车厢通过岔道，扔下甲车的 20 节车厢，继续前行。最后甲车驶出岔道，倒退到被扔下的 20 节车厢位置，带上它们就可以继续前进了。

91. 环岛旅行

先让两艘游艇都装满燃料，同时向一个方向航行，行到 40 千米处的时候，把一艘游艇上剩余的燃料的一半（也就是行驶 40 千米所用的燃料）交给另一艘游艇，然后自己用剩余的燃料返回码头；另一艘游艇继续航行 120 千米直到没油。刚才回到码头的游艇装满油后，从相反方向去接另一艘游艇，在 40 千米处遇到，把游艇上剩余的燃料的一半（也就是行驶 40 千米所用的燃料）交给另一艘游艇，然后两艘游艇同时返回码头即可。

92. 连通装置

需要 10 步：①把奶倒入 E 中；②油倒入 D 中；③酒倒入 B 中；④水倒入 A 中；⑤奶倒入 C 中；⑥油倒入 E 中；⑦酒倒入 D 中；⑧水倒入 B 中；⑨奶倒入 A 中；⑩油倒入 C 中。

93. 小明搬家

需要搬动 17 次。搬动的次序为：①钢琴；②书架；③酒柜；④钢琴；⑤办公桌；⑥床；⑦钢琴；⑧酒柜；⑨书架；⑩办公桌；⑪酒柜；⑫钢琴；⑬床；⑭酒柜；⑮办公桌；

⑯书架；⑰钢琴。

94．一艘小船

把 3 把锁一个套一个锁在一起形成一条长链,然后锁在船的铁链上,这样每个人都可以自由地打开和锁上这艘船。

95．取黑白球

每一次往外拿出来两个球后,甲盒里的白球只有两种结果。

(1)少两个;(2)一个不少。

甲盒里的黑球也只有两种结果。

(1)少一个;(2)多一个。

根据以上结果可知:如果一开始甲盒中的白球数量为单数,那么最后一个白球是永远拿不出去的,因此最后两球为一黑球一白球的概率均为 100%。

如果白球为双数,那么白球就会剩两个或一个不剩,因此最后两球为一黑球一白球的概率为 0。

96．聪明的豆豆

他带了 2 千克的货物。

97．关卡征税

一共有 5 个关卡收过商人的税。最后剩下 1 千克,则遇到最后一个关卡时还有 (1+1)×3=6(千克)苹果;遇到第 4 个关卡时还有 (6+1)×3=21(千克)苹果。以此类推可以知道,最开始有 606 千克苹果。

98．逃避关税

这个聪明的进口商已经预料到海关会关注 10 000 只右手手套;他还料到,海关人员会认为这些右手手套将一次整批运来,所以,他把那些右手手套分装成 5000 盒,每盒装两只右手手套。海关人员看到一盒装的两只手套,肯定会认为是左右手各一只。

就这样,第二批货物通过了海关,那位进口商只缴了 5000 副手套的关税,再加上在第一批货拍卖时付的那一小笔钱,就把 10 000 副手套都弄到了美国。

99．哪种方式更快

都一样。不论她怎样走,最终都是按那辆车到达目的地的时间来计算的。

100．搭桥

小明按照如图 4-3 所示的方式搭桥,就可以过河了。

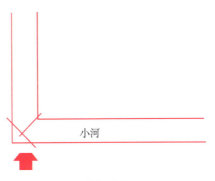

小河

图 4-3

101．小孩过河

因为现在是 6 月，再过几个月就是冬天了，河水结了冰，他就可以从上面走过去了。

102．不会游泳

要过河的那人笑着答道："这位船老大不会游泳，他就会万分小心地划船，所以坐他的船才是最安全的。"

103．桥的承受能力

桥撑不住。牛顿第三运动定律指出，力的作用是相互的。杂技演员把球扔向空中时对球施加了一个力，这个力比球的重力大，这个力再加上杂技演员和剩下两个球的重量，一定会压垮桥的。

104．牧童的计谋

牧童的办法是这样的：用比桥还长的绳索，系在牛和车之间，这样二者的重量就不会同时压在桥上了，牛和车上的石料都能顺利地通过。

105．天堂还是地狱

他在看守刚看完通道时进行通道，大约 8 分钟的时候，他大概走到了通道中心，然后他转过身，往地狱方向走。一分钟后，看守看到他，以为他是不小心从天堂落下去的，就把他召了回来。

106．如何通过

只要在船上加些石块，使船下沉几厘米，就可以从桥下安全通过了。

计时问题又叫燃绳计时问题,是通过燃烧若干根有固定燃烧时间的不均匀绳子来计算时间的问题。这种问题主要考查我们在面对常规方法无法解决问题时,该怎样变换思路,找出问题的实质,从而运用创新的方法解决问题。

计时问题的经典形式如下。

一根粗细不均匀的绳子,把它的一端点燃,烧完正好需要1小时。现在你需要在不看表的情况下,仅借助这根绳子和火柴测量出半小时的时间。

你可能认为这很容易,只要将绳子对折,在绳子最中间的位置做个标记,然后测量出这根绳子燃烧到标记处所用的时间就行了。但遗憾的是,这根绳子并不是均匀的,有些地方比较粗,有些地方却很细,因此这根绳子在不同地方的燃烧时间是不同的。细的地方也许烧了一半才用10分钟,而粗的地方烧了一半却需要50分钟。

那么我们该怎么做呢?其实很简单,我们就需要利用创新的方法来解决这个问题,即从绳子的两头同时点火,这样绳子燃烧完所用的时间一定是30分钟。

计时问题的扩展形式也有很多,比如确定15分钟、45分钟、1小时15分钟等。其实我们仔细观察题目会发现,这个问题的实质竟然是大家以前就学过的距离、速度、时间问题。

假设绳子的两个端点分别为 A 和 B,从 A 点走到 B 点所需的时间是 1 小时。现在有两个人,同时从 A 点和 B 点开始向中间走,经过时间 t 后在他们之间的某个点 O 处相遇。

我们发现它竟然与大家非常熟悉的两辆不同速度的车相向行驶的关于 s、v、t 之间的问题非常相似。

看清楚了这个问题的实质,再遇到类似的问题,我们只要把它变换成相向行驶的问题就可以很快地找出答案了。

纵向扩展训练营

107. 确定时间

烧一根不均匀的香,从头烧到尾总共需要1小时。现在有若干根材质相同的香,问如何用烧香的方法来计时1小时15分钟?

108．如何确定7分钟

有若干条长短、粗细相同的绳子，如果从一端点火，每根绳子正好8分钟燃尽。现在用这些绳子计量时间，比如，在一根绳子的两端同时点火，绳子燃尽用4分钟；在一根绳子的一端点火，燃尽的同时点燃第二根绳子的一端，可计时16分钟。

规则：

（1）计量一个时间，最多使用3根绳子。

（2）只能在绳子端部点火。

（3）可同时在几个端部点火。

（4）点的火中途不灭。

（5）不许剪断绳子，或将绳子折起。

请问：根据上述规则可否分别计量7分钟？

109．沙漏计时

如果有一个4分钟的沙漏计时器和一个3分钟的沙漏计时器，你能确定出1分钟、2分钟、5分钟、6分钟的时间吗？

110．3个10分钟

炫月是一个奇怪的盗贼，她专门帮警长打开一些难开的保险柜。一天，她应侦探之邀来到侦探事务所，一进屋，就看见屋子中间摆着3个一样的新型保险柜。

"啊，炫月，你来得正好！都说你是开保险柜的能人，那么请你在10分钟之内，不许用电钻和煤气灯，打开这些保险柜。"侦探说道。

炫月问："3个用10分钟吗？"

侦探回答："不，每个用10分钟。"

"要是这样，没什么问题。"炫月很自信地说，然后她又问："不过，这保险柜里装的是什么？"

侦探回答："里面是空的。实际上，这是一个保险柜生产厂家准备在今春上市的新产品，并计划推出这样的广告宣传词'连女盗炫月也望尘莫及'。为慎重起见，保险柜生产厂家特地委托我请你试验一下，并且提出无论成功与否，都要用摄像机录制下来并将保险柜送还厂方。"

侦探安装好摄像机的三脚架。

炫月又说："还没有我打不开的保险柜呢，如果10分钟内打开了怎么办？"

"可以得到厂家一笔可观的酬金。还是快干吧，我用这个沙漏给你计时。"侦探回答。

侦探把一个10分钟用的沙漏倒放在保险柜上面。炫月也跟着开始动作。她将听诊器贴在保险柜的密码盘上，慢慢拨动着号码，以便通过微弱的手感找出保险柜密码。

1分钟、2分钟、3分钟……沙漏里的沙子在静静地往下流。

炫月回答："炫月小姐，已经9分钟了，还没打开吗？只剩最后一分钟了。"侦探提示。

炫月回答："别急嘛，新型保险柜，指尖对它还不熟悉。"

炫月瞥了一眼沙漏,全神贯注在指尖上,最终找出了密码。因为是 6 位数的复杂组合,所以颇费些工夫。

"好啦,开了。"炫月打开保险柜时,沙漏里的沙子还差一点儿就全漏到下面去了。

"真厉害,正好在 10 分钟之内。那么再开第二个吧。不过,号码与方才的可不同啊。"侦探说着把沙漏倒了过来。

炫月开第二个保险柜则顺利了很多,打开时沙漏上边玻璃瓶中的沙子还有好多。

"真是个能工巧匠啊,趁着兴头,接着开第三个吧。"侦探夸奖炫月。

"如果是一样的保险柜,再开几个也是一样的。"炫月很自信地说。

"但 3 个保险柜都要在规定的时间内打开,否则就拿不到酬金。实话告诉你吧,酬金就在第三个保险柜里面。怎么样,准备好了吗?"

"开始吧。"侦探将沙漏一倒过来,炫月就接着开第三个保险柜。

然而,这次沙漏中的沙子都漏到了下面,但保险柜还未打开。

"炫月小姐,怎么搞的,已经过了 10 分钟了。"侦探提醒炫月。

"怪了,怎么会打不开呢,可……"炫月瞥了一眼沙漏。

炫月有些焦急,额头沁出了汗珠,可依然聚精会神地开锁。大约过了一分钟,她终于把保险柜打开了,柜中放着一个装有酬金的信封。

"这就怪了,与前两次都是一样的干法,这次怎么会慢了呢?"她歪着头,感到纳闷儿。忽然,她注意到了什么,"我差一点儿被你蒙骗了,我就是在规定的时间内打开的保险柜,酬金应该归我!"

"哈哈哈,还是被你看出来了,真不愧是怪盗呀,还真骗不了你。"侦探乖乖地将酬金交给了炫月。

请问:侦探是用什么手段做的手脚呢?

111．钟表慢几分

把每小时慢 10 分钟的表在 12 点时校对了时间。当这块表再次指向 12 点时,标准时间是多少?

112．新手表

婧婧买了一块新手表。她与家中的挂钟的时间做了一个对照,发现新手表每天比挂钟慢 3 分钟。她又将挂钟与电视上的标准时间做了一个对照,刚好挂钟每天比电视快 3 分钟。于是,她认为新手表的时间是标准的。请问下面对婧婧推断的评价中,哪一个是正确的?

A．由于新手表比挂钟慢 3 分钟,而挂钟又比标准时间快 3 分钟,所以,婧婧的推断是正确的,她的手表上的时间是标准的。

B．新手表当然是标准的,因此,婧婧的推断也是正确的。

C．婧婧不应该拿她的手表与挂钟对照,而应该直接与电视上的标准时间对照,所以,婧婧的推断是错误的。

D．婧婧的新手表比挂钟慢 3 分钟,是不标准的 3 分钟;而挂钟比标准时间快 3 分钟,是标准的 3 分钟。这两种"3 分钟"不是一样的,因此,婧婧的推断是错误的。

E．无法判断婧婧的推断正确与否。

113．走得慢的闹钟

有一个闹钟每小时总是慢 5 分钟。在 4 点的时候,用它和标准的时间对准,当闹钟第一次指向 12 点时标准的时间应该是几点?

114．调时钟

城市的正中央有一个大钟,每到整点时会敲响报时,比如,1 点会敲一下,12 点会敲 12 下,而相邻两次的钟声间隔时间为 5 秒钟。这天晚上 12 点,住在大钟旁边的小丽,想要根据大钟的声音调自己家的时钟,她数着大钟的响声,当敲到第 12 下的时候,她把自己的表准时按到 12 点零 1 分。请问:她的钟表时间是正确的吗?

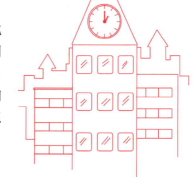

115．奇怪的大钟

从我住处的窗口往外看,可以看到镇上的大钟。每天,我都要将自己的闹钟按照大钟上显示的时间校对一遍。通常情况下,两个钟上的时间是一样的,但有一天早上,发生了一件奇怪的事情:我的闹钟显示为差 5 分钟到 9 点,1 分钟后显示为差 4 分钟到 9 点;但再过 2 分钟时,仍显示为差 4 分钟到 9 点;又过了 1 分钟,闹钟则显示为差 5 分钟到 9 点。

一直到了 9 点钟,我才突然醒悟过来,到底是哪里出了错。你知道是什么原因吗?

116．公交路线

某市有两个火车站,分别是东站和西站。两个火车站之间有一条公交线路,每天以相同的时间间隔分别向另一车站发出车次。一天,小明从东站坐车前往西站,他发现路上每隔 3 分钟就能看到一辆从西站发往东站的公交车。假设每一辆公交车的速度都相同,你知道这条公交路线每隔多长时间会发出一辆车吗?

横向扩展训练营

117．接领导

一位领导到北京开会,会议的主办方派司机去火车站接。本来司机算好了时间,可以与那列火车同时到达火车站。但是不巧的是,领导改变了行程时间,坐了前一趟火车到了北京,而司机还是按照预计时间出发的。领导一个人在车站等着也无事可做,就打了一辆出租车往会场赶,并通知了司机。出租车开了半个小时,出租车和司机在路上相遇了。领导上了司机的车,一刻也不耽误地赶到了会场,结果比预计时间早了 20 分钟。

请问:领导坐的列车比预计的车早到了多长时间?

118．两支蜡烛

房间里的电灯突然熄灭了,因为停电了。我的作业还没有写完,于是我点燃了书桌里备用的两支新蜡烛,在烛光下继续写作业,直到电来了。

第二天,我想知道昨晚停了多长时间电。但是当时我没有注意停电和来电时的具体时间,而且我也不知道蜡烛的原始长度。我只记得那两支蜡烛是一样长的,但粗细不同,其中粗的一支蜡烛燃尽需要 5 个小时,细的一支蜡烛燃尽需要 4 个小时。两支蜡烛是一起点燃的,剩下的残烛都很小了,其中一支残烛的长度等于另一支残烛的 4 倍。

请你根据上述资料,算出昨天停电的时间有多长。

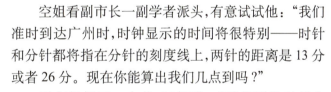

从午夜到现在这段时间的1/4,加上从现在到午夜这段时间的一半,就是现在的确切时间。

119. 正确时间

在早晨列队检查时,警长问身边的秘书现在几点了。精通数学的秘书回答道:"从午夜到现在这段时间的 1/4,加上从现在到午夜这段时间的一半,就是现在的确切时间。"你能算出这段对话发生的时间吗?

120. 几点到达

副市长乘坐飞机去广州参加一个学术会议。他怕耽误了开会时间,就问飞机上的空姐:"飞机什么时候到达广州?"

"明天早晨。"空姐答道。

"早晨几点呢?"

空姐看副市长一副学者派头,有意试试他:"我们准时到达广州时,时钟显示的时间将很特别——时针和分针都将指在分针的刻度线上,两针的距离是 13 分或者 26 分。现在你能算出我们几点到吗?"

副市长想了一会儿,又问道:"我们到达时是在 4 点前还是 4 点后呢?"

空姐笑了一下:"我如果告诉你这个,你当然就知道了。"

副市长回以一笑:"你不说我也知道了,这下我就可以放心了。"

请问:这架飞机到底是几点几分到达广州?

121. 惨案发生在什么时间

一天夜里,邻居听到一声惨烈的尖叫。早上醒来,发现原来昨晚的尖叫是受害者的最后一声。负责调查的警察向邻居们了解案件发生的确切时间。一位邻居说是 12 点零 8 分,另一位老太太说是 11 点 40 分,对面杂货店的老板说他清楚地记得是 12 点 15 分,还有一位绅士说是 11 点 53 分。但这 4 个人的表都不准确,其中一个慢 25 分钟,一个快 10 分钟,还有一个快 3 分钟,最后一个慢 12 分钟。你能帮警察确定作案时间吗?

122. 避暑山庄

甲、乙、丙、丁 4 个人分别在上个月不同时间入住避暑山庄,又在不同的时间分别退了

房,现在只知道:

(1) 滞留时间(比如从7日入住,8日离开,滞留时间为2天)最短的是甲,最长的是丁,乙和丙滞留的时间相同。

(2) 丁不是8日离开的。

(3) 丁入住的那天,丙已经住在那里了。

入住时间是:1日、2日、3日、4日。

离开时间是:5日、6日、7日、8日。

根据以上条件,你知道他们4个人的入住时间和离开时间吗?

123. 相识纪念日

汤姆和杰瑞是一对情侣,他们是在一家健身俱乐部相遇并相互认识的。一天,杰瑞问汤姆他们相识的纪念日是哪一天,可汤姆并没有记住确切的日期,他只知道以下这些信息。

(1) 汤姆是在1月份的第一个星期一开始去健身俱乐部的。此后,汤姆每隔4天(第5天)去一次。

(2) 杰瑞是在1月份的第一个星期二开始去健身俱乐部的。此后,杰瑞每隔3天(第4天)去一次。

(3) 在1月份的31天中,只有一天汤姆和杰瑞都去了健身俱乐部,正是那一天他们首次相遇。

你能帮助汤姆算出他们的相识纪念日是1月份的哪一天吗?

124. 出差补助

一个公司给员工发出差补助比较奇怪,是按照员工出差到达目的地的日期计算补助的。比如,一名员工8日出差去外地,那么他这次出差能够领到的出差补助就为8元。

8月份的时候,一名员工出差。他4日(星期六)到达北京,然后又相继出差4次,即在接下来的4个星期中,每个星期出差一次。到达目的地的具体时间他不记得了,只知道有一次是星期三,一次是星期四,两次是星期五。你能根据这些资料,算出这名员工这个月可能领到多少出差补助吗?

125. 有问题的钟

从前有一位老钟表匠,为火车站修理一只大钟。由于年老眼花,他不小心把长短针装反了。修完的时候是上午6点,他把短针指在"6"上,长针指在"12"上,钟表匠就回家去了。人们看这只大钟一会儿 7 点,过了不一会儿就 8 点了,都很奇怪,立刻去找老钟表匠。等老钟表匠赶到,已经是下午 7 点多钟。他掏出怀表一对,钟准确无误,怀疑大家是有意捉弄他,一生气就回去了。这只大钟还是 8 点、9 点地跑,人们又去找钟表匠。这时老钟表匠已经休息了,于是第二天早晨 8 点多赶过去用怀表一对,时间仍旧准确无误。

请你想一想,老钟表匠第一次对表的时间是 7 点几分? 第二次对表的时间又是 8 点几分?

斜向扩展训练营

126. 数字时钟

大家都知道,数字时钟是由三个数字来表示时、分、秒的,中间用冒号间隔。那么请问从中午 12 点到子夜 23 点 59 分 59 秒,时、分、秒三个数字相同的情况会出现几次? 分别是什么时候?

127. 奇怪的时间

在我们生活的地球上,有这样的一个地方,在这里,无论我们把钟表调成几点几分,都是正确的时间。请问这个地方在哪里?

128. 有意思的钟

爷爷有两只钟,一只钟两年只准一次,而另一只钟每天准两次,爷爷问小明想要哪只钟? 如果你是小明,你会选哪只钟呢? 当然,钟是用来看时间的。

129. 没有工作

小王辛苦工作了一年,到了年底,找老板要年终奖。老板说:"你基本上都在忙自己的事,根本没有为我工作几天,怎么能要奖金呢?"小王不服气,就问老板自己每天都忙什么了。老板给他列了个表。

(1) 睡觉(每天 8 小时),合 122 天。

(2) 双休日 2×52=104(天)。

(3) 吃饭(每天 3 小时),合 45 天。

(4) 娱乐(每天 2 小时),合 30 天。

(5) 公司年假,15 天。

(6) 每天中午休息 2 小时,合 31 天。

(7) 你今年请了 5 天事假;10 天病假。

总计:122+104+45+30+15+31+5+10=362(天)。

这样,一年中只有 3 天的时间上班,所以根本没有时间工作。小王看了,觉得这样计算也有道理。你能发现其中的问题吗?

130．时间

在干旱地区非常缺水，人们都用水桶接雨水用。没风的时候，雨点竖直落下，用 30 分钟可以接满一桶水。一次下雨时，刮起了大风，雨水下落时偏斜 30°，如果这次雨的大小不变，那么需要多长时间可以接满一桶水呢？

131．统筹安排

小于想在客人来之前做一道煎鱼。

做煎鱼需要这些步骤：洗鱼要 5 分钟，切生姜片要 2 分钟，拌生姜、酱油、料酒等调料要 2 分钟，把锅烧热要 1 分钟，把油烧热要 1 分钟，煎鱼要 10 分钟。这些加起来要 21 分钟，可是客人 20 分钟后就要来了。

请问这该怎么办呢？

132．煎鸡蛋的时间

明明家有一个煎鸡蛋的小锅，每次可以同时煎两个鸡蛋，每个鸡蛋必须把正、反两面都煎熟。我们已经知道把鸡蛋的一面煎熟需要 2 分钟。有一天，明明和爸爸的对话如下。

爸爸："煎熟一个鸡蛋最短需要几分钟？"

明明："正、反面都需要煎熟，所以需要 4 分钟。"

爸爸："煎熟两个鸡蛋呢？"

明明："我们的锅可以同时煎两个，所以还是最少需要 4 分钟。"

爸爸："那 3 个呢？"

明明："8 分钟啊，前 4 分钟煎好前两个鸡蛋，再用 4 分钟煎第三个鸡蛋。"

但是爸爸说得不对，可以用更少的时间煎好 3 个鸡蛋。你能想明白煎 3 个鸡蛋最少需要几分钟吗？

133．什么时候去欢乐谷

晚上 10 点，家住北京的明明看着外面的大雨，对爸爸说："如果明天天晴了，你带我去欢乐谷玩吧。"爸爸说："明后两天我都要加班。这样吧，如果再过 72 个小时，天上出太阳了，我就带你去好不好？"

请问他们会去欢乐谷玩吗？

134．出租车司机

有个出租车司机喜欢到火车站去接刚来这个城市的客人。该城市与 A、B 两个城市都开通了城际列车，这个火车站也主要是接送城际旅客。A、B 两个城市的列车都是每 1 小时到达一趟。唯一不同的是，A 城市的列车首班车是 6 点 30 分到达，B 城市的列车首班车是 6 点 40 分到达。一个月下来，这个司机发现他接的 A 城市的客人明显比 B 城市的多，你知道这是为什么吗？

135．作案时间

　　两户人家住在边远的山区，一天晚上，一户人家发生了盗窃案。天亮后，警察到另一户人家去调查，谁知这户人家只住了一个年迈的老太太，除了耳朵还算灵光，视力、腿脚都不太好了。当警察问她昨晚是否听到什么动静的时候，她说："我当时刚迷迷糊糊地睡着，也不知道什么时候，隔壁家发生了很大的动静。只记得，先是听见钟表敲了一下，然后过了一阵又敲了一下，再过了一阵又听到钟表敲了一下，就在这个时候听到了隔壁的动静。"已知老太太家里的钟表在整点的时候会报时，时间到几点钟就敲几下，并且每到半点时也敲一下。你能推出昨夜发生异响的时刻吗？

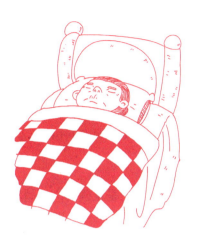

答　案

107．确定时间

　　1 个小时很容易计时，关键是 15 分钟。如果两头一起点可以得到半个小时，而 15 分钟又恰好是半个小时的一半，所以要想办法得到能烧半个小时的香，这一步是解题的关键。先拿两根香，一根两头一起点，一根只点一头。等第一根香烧完之后，即半个小时之后，第二根剩下的部分还可以烧半个小时。此时将第二根香的两头一起点，这样就可以计时 15 分钟了，然后等烧完之后再点一根香，加起来就是 1 个小时 15 分钟。

108．如何确定 7 分钟

　　将 A、B、C 三根绳子同时点燃，A 从两端点，B、C 先从一端点，当 A 燃尽时（4 分钟），将 B 的另一端点燃；当 B 燃尽时，是 6 分钟，这时将 C 的另一端也点燃，这样到 C 燃尽时，正好是 7 分钟。

109．沙漏计时

　　1 分钟：让两个沙漏同时开始漏沙子，当 3 分钟那个漏完后，开始计时，到 4 分钟那个漏完，就是 1 分钟了。

　　2 分钟：让两个计时器同时开始漏沙子。当 3 分钟那个漏完后，立即把它颠倒过来；4 分钟的那个漏完后，再次把 3 分钟的那个颠倒回来。这时 3 分钟的那个里正好漏下 1 分钟的沙子，3 分钟那个沙漏里还有 2 分钟的沙子。

　　5 分钟：让两个计时器同时开始漏沙子。当 3 分钟那个漏完后，立即把它颠倒过来；4 分钟的那个漏完后，再次把 3 分钟的那个颠倒回来。这时 3 分钟的那个正好漏下 1 分钟的沙子，还剩下 2 分钟。等这个沙漏里的沙子漏完后，就正好是 5 分钟。

　　6 分钟：只要用 3 分钟测两次就行了。

110．3个10分钟

第二个10分钟里沙漏上面的沙还剩很多，而且很快就开始开第三个保险柜，那时它的沙子还未漏完就被直接倒过来，所以那个沙漏不到10分钟沙子就完全漏到下面去了。

111．钟表慢几分

每小时慢10分钟，即50分钟相当于标准时间的1个小时。这块表的12个小时相当于标准时间的 $12 \times 60/50 = 14.4$（小时），所以慢了2.4个小时。

112．新手表

D的评价是正确的。婧婧犯的正是"混淆概念"的错误，两个"3分钟"是不相同的，一个标准，一个不标准，因此，婧婧的推断是错误的。

113．走得慢的闹钟

标准时间是12点40分。

114．调时钟

不是，敲第12下的时候，是12点零分55秒。虽然钟敲了12下，但时间的间隔只有11下，所以敲第12下是55秒。

115．奇怪的大钟

因为我的闹钟是电子钟，那个分时数字右上角的那一竖坏了，可以正确显示5，也可以正确显示6，却不能正确显示8，因此到了59分时，只能显示55。

116．公交路线

因为小明从东站到西站，每隔3分钟会遇到一辆从西站到东站的车。也就是说，从小明遇到一辆从西站到东站的车，到他遇到第二辆从西站到东站的车这段时间是3分钟，自己乘坐的车也开了3分钟，所以两辆车的发车间隔就是3+3=6（分钟）。

117．接领导

司机比预计时间提前了20分钟到会场，即他从遇到出租车到火车站这段路程来回需要20分钟，所以从相遇时到到达火车站，司机需要10分钟。也就是说，按照预计的时间，再过10分钟火车应该到站，但是此时上一趟火车已经到站30分钟，这正是出租车走这段路的时间，所以领导坐的车比预计早到了40分钟。

118．两支蜡烛

设蜡烛点燃了 x 小时。粗蜡烛每小时减少1/5，细蜡烛每小时减少1/4。根据题意可以列出方程：

$$4（1-x/4）=1-x/5$$

解得：$x=15/4$。

所以昨天停电的时间为 3 小时 45 分钟。

119．正确时间

这段对话发生在上午 9:36。

设现在的时间为 x,则根据题中已知条件可以列出如下方程：$x/4+(24-x)/2=x$。解得：$x=48/5$,也就是上午 9 点 36 分。注意,从文中时间的叙述可以看出他们的对话发生在上午。如果不考虑这一点,也可以设想时间是在晚上,那么晚上 19:12 同样是一个正确的答案。

120．几点到达

这架飞机到达广州的时间是第二天的 2:48。

首先,时针和分针都指在分针的刻度线上,让我们仔细看看钟表（手表也一样）的结构：每个小时之间有 4 个分针刻度,在相邻两个分针刻度线之间对时针来说要走 12 分钟,这说明这个时间必定是 n 点 $12m$ 分,其中 n 是 0～11 的整数, m 是 0～4 的整数,即分针指向 $12m$ 分,时针指向 $5n+m$ 分的位置。又已知分针与时针的间隔是 13 分或者 26 分,要么 $12m-(5n+m)=13$（或 26）,要么 $(5n+m)+(60-12m)=13$（或 26）,即要么 $11m-5n=13$（或 26）,要么 $60-11m+5n=13$（或 26）。这是一个看起来不可解的方程。但由于 n 和 m 只能是一定范围的整数,就能找出解来（重要的是,不要找出一组解便止步,否则此类题是做不出来的）。

副市长便是以此思路找出了所有三组解（若不细心,则会在只找到两组解后便宣称此题无解）。

已知：$m=0$、1、2、3、4,$n=0$、1、2、3、4、5、6、7、8、9、10、11。

只有固定的取值范围,不难找到以下三组解：(1) $n=2$, $m=4$；(2) $n=4$, $m=3$；(3) $n=7$, $m=2$。

即这样三个时间：(1) 2:48；(2) 4:36；(3) 7:24。

面对这三个可能的答案,副市长当然得问一问空姐了。空姐的回答却巧妙地暗设了机关：正面回答本来应该是 4 点前或是 4 点后。但若答案是 4 点后,空姐的变通回答便不对了,因为这时副市长还是无法确定是 4:36 还是 7:24。而空姐的变通回答却显示出：若正面回答便能确定答案,这意味着这个正面回答只能是 4 点以前,即正点到站的时间是 2:48。

121．惨案发生在什么时间

这是一个看起来复杂其实很简单的问题。作案时间是 12:05。计算方法很容易,从最快的手表（12:15）中减去最快的时间（10 分钟）就行了。或者将最慢的手表（11:40）加上最慢的时间（25 分钟）,也可以得出相同的答案。

在分析问题的时候,最重要的是找到解决思路,把看似复杂的问题分解成简单的部分处理。

122．避暑山庄

4 人的滞留时间之和是 20 天。

根据（1）得知,时间最长的是丁,有 6 天;根据（2）和（3）来看,丁虽然入住时间最长,也是从 2 日到 7 日离开的。

假设乙和丙分别滞留了 4 天以下,因为丁是 6 天以下,甲若是 6 天以上,就不是最短的,所以乙和丙都是 5 天。

根据(3)可知,丙是从 1 日住到 5 日。如果乙是从 3 日入住,7 日离开,那就与丁重合了,所以乙是从 4 日住到 8 日,剩下的甲就是从 3 日到 6 日（滞留了 4 天）。

因此,甲是 3 日入住 6 日离开的,乙是 4 日入住 8 日离开的,丙是 1 日入住 5 日离开的,丁是 2 日入住 7 日离开的。

123．相识纪念日

根据（1）和（2）,杰瑞第 1 次去健身俱乐部的日子必定是以下二者之一:

A．汤姆第一次去健身俱乐部那天的第 2 天。

B．汤姆第一次去健身俱乐部那天的前 6 天。

如果 A 是实际情况,那么根据（1）和（2）,汤姆和杰瑞第 2 次去健身俱乐部便是在同一天,而且在 20 天后又是同一天去健身俱乐部。根据（3）,他们再次都去健身俱乐部的那天必须是在 2 月份。可是,汤姆和杰瑞第 1 次去健身俱乐部的日子最晚也只能分别是 1 月份的第 6 天和第 7 天;在这种情况下,他们在 1 月份必定有两次是同一天去健身俱乐部:1 月 11 日和 1 月 31 日。因此 A 不是实际情况,而 B 是实际情况。

在情况 B 下,1 月份的第一个星期二不能迟于 1 月 1 日,否则随后的那个星期一将是 1 月份的第 2 个星期一。因此,杰瑞是 1 月 1 日开始去健身俱乐部的,而汤姆是 1 月 7 日开始去的。于是根据（1）和（2）,他们两人在 1 月份去健身俱乐部的日期分别如下。

杰瑞:1 日、5 日、9 日、13 日、17 日、21 日、25 日、29 日。

汤姆:7 日、12 日、17 日、22 日、27 日。

因此,汤姆和杰瑞相遇于 1 月 17 日。

124．出差补助

因为 4 日是星期六,所以这个月中,5 日、12 日、19 日、26 日这 4 天都是星期日。又因为在接下来的 4 个星期中每个星期都出差一次,所以得到的补助应该是这 4 个数分别加上星期数。也就是说,他这个月可以领到的出差补助为:4+5+12+19+26+3+4+5+5=83（元）。

125．有问题的钟

这个题的关键是要想明白,只有两针成一直线的时候,所指的时间才是准确的。在 6 点,两针成为一直线,这是老钟表匠装配的时间。以后,每增加 1 小时（5+5/11）分,两针会成为一条直线。7 点之后,两针成为一条直线的时间是 7 点（5+5/11）分;8 点之后,两针成为一条直线的时间是 8 点（10+10/11）分。

126．数字时钟

12 点 12 分 12 秒，13 点 13 分 13 秒，……，23 点 23 分 23 秒。每个小时出现一次，一共有 12 次。

127．奇怪的时间

在南极点或者北极点。任何一条子午线都经过这里，而每一条子午线都有它特定的时间。所以在这里，无论是几点几分都有一条子午线与它对应，可以说都是正确的。

128．有意思的钟

这道题如果换一种问的方式，就会很好回答。要是一只钟是停的，而另一只钟每天慢一分钟，你会选择哪只呢？当然你会选择每天只慢一分钟的钟。

本题就是这样的，两年只准一次，也就是一天慢一分钟，需要走慢 720 分钟，也就是 24 小时才能再准一次，也就是需要两年，而每天准两次的钟是停的。

129．没有工作

老板把时间进行了重复计算，比如在放假期间的睡觉时间重复计算了。

130．时间

还是 30 分钟，因为雨的大小不变而且水桶口的面积也没有变，接到的水量也不变。

131．统筹安排

为了解决这个问题，小于决定这样做：在等着锅和油烧热的 2 分钟里，同时拌生姜、酱油、料酒等调料，这样一共就只需 19 分钟，比原来节省了 2 分钟。

这就是"统筹"，把不影响前后顺序的、可以同时做的步骤一起做了，把大的事情放在空闲比较多的时间段，小的事情放在空闲比较少的时间段。在完成一件事情的同时，还可以做另外一件事，这样把整个时间充分地利用起来。

132．煎鸡蛋的时间

6 分钟。

我们把煎蛋的 2 个面分别叫作正面和反面，这样，用 6 分钟煎 3 个鸡蛋的方法如下。

第 1 个 2 分钟，煎第 1 个蛋和第 2 个蛋的正面。

第 2 个 2 分钟，先取出第 2 个鸡蛋，放入第 3 个鸡蛋。然后煎第 1 个鸡蛋的反面和第 3 个鸡蛋的正面。这样，第 1 个鸡蛋已经煎熟。第 2 个鸡蛋和第 3 个鸡蛋都只煎了正面。

第 3 个 2 分钟，煎第 2 个鸡蛋和第 3 个鸡蛋的反面。这样，3 个鸡蛋就都煎好了。

133．什么时候去欢乐谷

也许你会认为是不一定，因为 72 个小时以后的事是说不定的。其实不然，因为现在是夜里 10 点，再过 72 个小时还是夜里 10 点，这个时候肯定是不会出太阳的。

134．出租车司机

因为 A 城市的车到达后 10 分钟，B 城市的车就会到达，而 B 城市的车到达后要 50 分钟，A 城市的车才能来。如果这个司机在 A 城市的车到达之后，他会等着接 B 城市的客人，这只有 10 分钟时间；如果在 B 城市的车到达之后来，他需要等 A 城市的客人 50 分钟，所以他接到 A 城市的客人和 B 城市的客人的概率比为 5∶1，所以接到的 A 城市的客人要多得多。

135．作案时间

是凌晨 1:30，因为只有在 0:30、1:00、1:30 三个时刻，钟才会分别敲一下，总共响了 3 次。

第六章　称重问题

称重问题又叫称球问题,也是非常经典又有趣的逻辑问题之一。

一个经典问题的原文如下。

一个钢球厂生产钢球,其中一批货物中出现了一点差错,使得 8 个球中有一个略微重一些。找出这个重球的唯一方法是将两个球放在天平上对比。请问:最少要称多少次才能找出这个较重的球?

答案是 2 次。

首先,把 8 个球分成 3、3、2 三组,把一组的 3 个球和另一组的 3 个球分别放在天平的两端。如果天平平衡,那么把剩下的 2 个球分别放在天平的两边,天平向哪边倾斜,那个球就是略重的。如果天平偏向一方,就把重的那一方的 3 个球中的两个放在天平上,这时如果天平倾斜,重的就是要找的球;不倾斜,剩下的那个球就是要找的。

称重问题还有很多扩展形式,比如增加球的数量,或者不告诉坏球比正常球是轻还是重等。我们发现如果球的数量增加至 9 ~ 13 个,且不确定坏球的轻重,那么我们只称两次是不可能保证找到坏球的。球的数量越多,相应需要的次数和复杂程度就越大。

当然,如果有超过 2 个球,我们知道坏球是"独一无二"的那一个,就总能找出来;但是如果只有 2 个球,一个好球一个坏球,都是"独一无二"的,那我们无论如何也不可能知道哪个是好的、哪个是坏的。

前面我们讨论的是如何把一个坏球从一堆球中用最少的次数找出来的方法,下面我们换一个角度:如果我们不需要找出那个坏球,只想知道坏球是比标准球轻还是重,怎样用最少的称法来解决这个问题呢?

比如,有 $N(N \geqslant 3)$ 个外表相同的球,其中有一个坏球,它的重量和标准球有轻微的(但是可以测量出来的)差别。现在有一架没有砝码的很灵敏的天平,问最少需要称几次才可以知道坏球比标准球重还是轻?

当 $N=3$ 时,我们将球编为 1 ~ 3 号。先把 1、2 号球放在天平两端,如果平衡,那么 3 号是坏球,接下来只要用标准的 1 号球或 2 号球来和它比较就知道它是轻是重了;如果不平衡,比如,1 号球比 2 号球重,那么 3 号球就是标准的。比较 1 号球和 3 号球:如果它们一样重,那么 2 号球是坏球,而且它比较轻;相反,如果 1 号球比 3 号球重,那么 1 号球就比较重。

当 $N \geqslant 4$ 时会怎么样呢?结果很出人意料——无论多少个球,都只需称 2 次即可。

方法也很简单,对于一个大于等于 4 的自然数,我们总是可以表示成 $4k+i$ 的形式,其中

k 和 i 都是正整数,且 $k \geq 1$,$0 \leq i \leq 3$,这样我们就可以把 N 个球分成 5 堆:前 4 堆球的个数相同,都是 k,第 5 堆有 i 个球。

第一次称球,将第 1、2 堆放在天平左端,第 3、4 堆放在天平右端,如果平衡,说明这 4 堆中的球都是好球,而坏球在第 5 堆里,这时随便从前 4 堆里拿出 i 个球和第 5 堆的 i 个球比较一下即可。

如果第 1、2 堆和第 3、4 堆不平衡,比如,第 1、2 堆这端比较重,那么我们将第 1、2 堆分别放在天平两端进行第 2 次称量。这次如果天平平衡,那么坏球就在第 3、4 堆里。因为第一次称量时,第 3、4 堆是比较轻的,所以坏球比较轻;如果天平不平衡,说明坏球在第 1、2 堆内。因为第一次称量时,第 1、2 堆是比较重的,所以坏球比较重。

纵向扩展训练营

136．巧辨坏球

有 12 个球和 1 个天平,现知道只有 1 个球和其他的球的重量不同,但并不知道这个球比其他的球轻还是重,问怎样称才能称 3 次就找到那个球?

137．称量水果

在果园工作的送货员 A,给一家罐头加工厂送了 10 箱桃子。每个桃子重 500 克,每箱装 20 个。正当他送完货要回果园的时候,接到了从果园打来的电话,说由于分类错误,这 10 箱桃子中有 1 箱装的是每个 400 克的桃子,要送货员把这箱桃子带回果园以便更换。因手边没有秤,那么怎样从 10 箱桃子中找出到底哪一箱的分量不足呢?

正在这时,他忽然发现不远的路旁有一台自动称量体重的机器,投进去一枚 1 元硬币就可以称量一次重量。他的口袋里刚好有一枚 1 元硬币,当然也就只能称量一次。那么他应该怎样充分利用这一次的机会,找出那一箱不符合规格的产品呢?

138．特别的称重

宇华在实验室做实验,他要用 3 克的碳酸钠作为溶质,但是他的手边只有一袋标着 56 克、没有拆封的碳酸钠,还有一架只有一个 10 克砝码的天平。这时,实验室只有他一个人,也找不到其他的称量工具,在现有的条件下,他该怎样称出 3 克的碳酸钠呢?

139．药剂师称重

现有 300 克的某种药粉,要把它们分成 100 克和 200 克的两份,如果天平只有 30 克和 35 克的砝码各一个。你能不能运用这两个砝码在称两次的情况下把药粉分开呢?

140. 不准的天平

有一个天平由于两臂不一样长,虽然一直都处于平衡状态,但是长时间没人用。现在实验员小刘想用 2 个 300 克的砝码,称出 600 克的实验物品。你能给他想个办法吗?

141. 分面粉

有 7 克、2 克砝码各一个,天平一架。如何只用这些物品 3 次将 140 克的面粉分成 50 克、90 克各一份?

142. 称盐

现有 9000 克盐以及 50 克和 200 克的砝码各一个。请问:怎样用天平称出 2000 克盐? 只许称 3 次。

143. 分辨胶囊

有三种药,都装在一种外表一样的胶囊里,分别重 1 克、2 克、3 克。现在有很多这样的药瓶,单凭药瓶和胶囊的外表是无法区分的,只能通过测量胶囊的重量来加以区分。如果每瓶中的胶囊足够多,我们能只称一次就知道各个瓶子中分别装的是哪类药吗? 如果有 4 种药、5 种药呢?

如果是共有 n 种药呢（n 为正整数,药的质量各不相同,但各种药的质量已知）? 你能用最经济简单的方法只称一次,就知道每瓶里装的是哪种药吗?

注:称药是有代价的,称过的药受到了污染,所以就不要了。

144. 砝码称重

有一架没有横标尺的天平，只能用砝码称重，这里有 10 克、20 克、40 克和 80 克的砝码各一个。请问：任意在这 4 个砝码中选择两个组合，可以称出多少种不同的重量？

145. 砝码数量

有一架天平，想要用它称出来 1 ～ 121 克所有重量为整数克的物品，至少需要多少个砝码？每个砝码分别重多少克？

横向扩展训练营

146. 零钱

小明打算去书店买书，他出门的时候带了 10 元钱。这 10 元钱是他特意准备的零钱，由 4 枚硬币（分币）和 8 张纸币（元、角币）构成。而且只要书价不超过 10 元，不管需要几元几角几分，他都可以直接付款而不需要找零。你知道小明的 10 元钱的构成吗？

147. 圈出的款额

两位女士和两位男士走进一家自助餐厅，每人从机器上取下一张标价单：

50，95
45，90
40，85
35，80
30，75
25，70
20，65
15，60
10，55

现在已知：

（1）4 个人要的是同样的食品，因此他们的标价单被圈出了同样的款额（以美分为单位）。

（2）每个人都只带有 4 枚硬币。

（3）两位女士所带的硬币价值相等，但彼此间没有一枚硬币面值相同；两位男士所带的硬币价值相等，但彼此间也没有一枚硬币面值相同。

（4）每个人都能按照各自标价单上圈出的款额付款，不用找零。

在每张标价单中圈出的是哪一个数目？

提示：设法找出所有这样的两组硬币（硬币组对），要求每组4枚，价值相等，但彼此间没有一枚硬币面值相同，然后从这些组对中判定能付清账目而不用找零的款额。

148．找零钱

美国货币中的硬币有1美分、5美分、10美分、25美分、50美分和1美元（合100美分）这几种面值。一家小店刚开始营业，三兄弟来到店里吃饭。当这三兄弟站起来付账的时候，出现了以下的情况。

（1）连同店家在内，这4个人每人都至少有一枚硬币，但都不是面值为1美分或1美元的硬币。

（2）这4人中没有一人有足够的零钱可以找开任何一枚硬币。

（3）老大要付的账单款额最大，老二要付的账单款额其次，老三要付的账单款额最小。

（4）三兄弟无论怎样用手中所持的硬币付账，店主都无法找清零钱。

（5）但是如果三兄弟相互之间等值调换一下手中的硬币，则每个人都可以付清自己的账单而无须找零。

（6）当这三兄弟进行了两次等值调换以后，他们发现手中的硬币与各人自己原先所持的硬币没有一枚面值相同。

随着事情的进一步发展，又出现如下的情况。

（1）在付清了账单以后，三兄弟其中一人又买了一些水果。本来他手中剩下的硬币足够付款的，可是店主却无法用自己现在所持的硬币找清零钱。

（2）于是，他只好另外拿出1美元的纸币付了水果钱，这时店主不得不把他的全部的硬币都找给了他。

现在请你计算一下，这三兄弟中谁用1美元的纸币付的水果钱？

149．需要买多少

27名同学去郊游，在途中休息的时候，口渴难耐，去小店买饮料。饮料店搞促销，凭3个空瓶可以再换一瓶饮料。他们最少要买多少瓶饮料才能保证一人喝一瓶呢？

最少要买多少瓶饮料才能保证一人喝一瓶呢？

150．老师的儿子

一个老师有3个儿子，3个儿子的年龄加起来等于13，3个儿子的年龄乘起来等于老师的年龄。有一个学生知道老师的年龄,但仍不能确定老师3个儿子的年龄,这时老师说只有1个儿子在托儿所,然后这个学生就知道了老师3个儿子的年龄了。

请问:这3个儿子的年龄分别是多少岁?为什么?

151．射击比赛

奥运会射击比赛中,甲、乙、丙3名运动员各打了4发子弹,全部中靶,其命中情况如下。

(1)每人的4发子弹所命中的环数各不相同。

(2)每人的4发子弹所命中的总环数均为17环。

(3)乙有2发命中的环数分别与甲其中的2发一样,乙另外2发命中的环数与丙其中的2发一样。

(4)甲与丙只有1发环数相同。

(5)每人每发子弹的最好成绩不超过7环。

请问:甲与丙命中的相同环数是几环?

152．数学家打牌

一天,几位数学家坐在一起打牌。打了一会儿之后旁边有人问他们都还剩几张牌。其中一位数学家保罗答道:"我的牌最多,约翰的其次,琼斯的再次,艾伦的牌最少。我们4人剩下的牌总共不超过17张。如果把我们4个人的牌的数目相乘,就会得到这个数。"说完,这位数学家在一张纸上写下了这个数字给他看。

那个人看了这个数字之后,说道:"让我来试试把每人牌的数目算出来。不过要解这个问题,已知数据还不够。请问艾伦,你的牌是一张呢,还是不止一张?"

艾伦回答了这个问题。那人听了之后,很快就准确地计算出了每个人牌的数目。你能否算出每位数学家手里各有几张牌吗?

153．赌注太小

王立平和李新远在玩一个小小的火柴棍游戏。王立平开始分牌,并且定下了规则:第一局输的人,输掉他所有火柴棍的1/5;第二局输的人,输掉他当时拥有的火柴棍的1/4;第三局输的人,必须拿出他当时拥有的火柴棍的1/3。

于是他们开始玩,并且互相之间准确结清输掉的火柴棍,没有出现需要折断火柴棍的情况。第三局李新远输了,结清输掉的火柴棍后他站起来说:"我觉得这种游戏投入的精力过多,回报太少。直到现在我们之间的火柴棍总共才相差7根。"已知该游戏中两人一共有75根火柴棍。

请问:在游戏开始的时候,王立平有多少根火柴棍呢?

154．买衣服

6 名同学一起去商店买衣服,其中有 2 名男同学,4 名女同学。他们各自购买了若干件衣服。购买情况如下。

(1) 每件衣服的价格都以分为最小单位。

(2) 甲购买了 1 件,乙购买了 2 件,丙购买了 3 件,丁购买了 4 件,戊购买了 5 件,而己购买了 6 件。

(3) 2 名男生购买的衣服,每件的单价都相同。

(4) 其他 4 名女同学购买的衣服,每件的单价都是男生所购买衣服单价的 2 倍。

(5) 这 6 人总共花了 1000 元。

请问:这 6 人中哪两个人是男生?

斜向扩展训练营

155．称重的姿势

一个人用 4 种姿势称自己的体重,请判断以下哪种姿势最准确,是蹲在体重计上、双脚站立、单脚站立,还是直挺挺地平躺着呢?

156．保持平衡

如图 6-1 所示,要想让下面这架天平保持平衡,右侧问号处应该放入数字为几的物体?

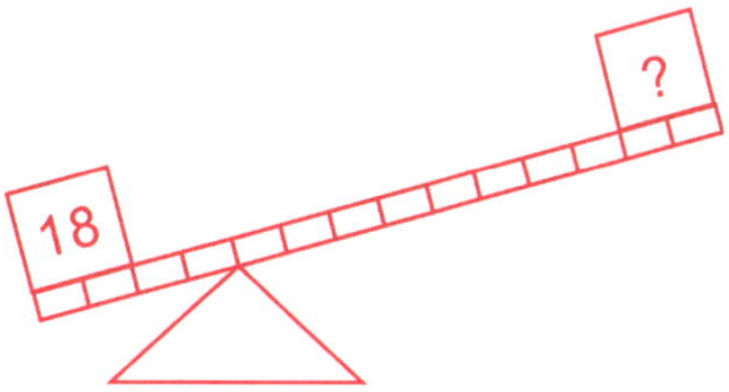

图 6-1

157．平衡还是不平衡

毕达哥拉斯是古希腊著名的数学家,门下弟子众多。在一次讲课中,他拿出四架天平,分别在这四架天平两边放上一些几何物体,同种形状的物体大小、重量都相等,如图 6-2 所示。毕达哥拉斯问众弟子:"你们谁能告诉我,根据前三架天平的状态来看,第四架天平是不是平衡?"众弟子面面相觑,无人能答。你能解答这个问题吗?

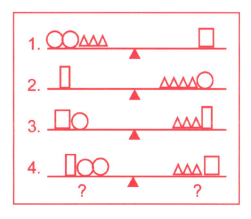

图 6-2

158. 保持平衡

仔细观察图 6-3 所示的滑轮,每个相同形状的物体的重量都是相同的,前三个滑轮系统都是平衡状态。请问:第四个滑轮系统要用多重的物体才能使其保持平衡?

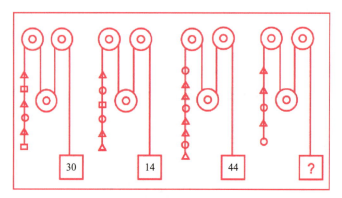

图 6-3

159. 绝望的救助

一根绳子穿过无摩擦力的滑轮,在一端有一个大圆盘,上面坐着小红,绳子的另一端是小明,正好取得平衡。小红的位置比小明高 1 米,这时两人都静止拉在绳子上,突然小明发现小红在流血,自己有有效的救治药物,但是必须两个人都在一个水平线上他才能把药交给小红。那么小明怎样运动才能把药给小红呢?(假定绳索与滑轮本身没有重量,也没有摩擦力。)他是该向上爬还是向下爬?

160. 火灾救生器

美国有一种火灾救生器,其实就是在滑轮两边用绳索吊着两个大篮子。把一个篮子放下去的时候,另一个篮子就会升上来,如果在其中的一个篮子里放一件东西作为平衡物,则另一个较重的物体就可以放在另外的篮子里往下送。假如一个篮子空着,另一个篮子里放的东西不超过 15 公斤,则下降时可保证安全。假如两个篮子里都放着重物,则它们的重量之差也不得超过 15 公斤。

一天夜里,吉姆的家里突然发生火灾。除了重 45 公斤的吉姆和重 105 公斤的妻子之外,他还有一个重 15 公斤的孩子和一只重 30 公斤的宠物狗。

现在知道每个篮子都大得足以装进 3 个人和一只狗,但别的东西都不能放在篮子里,而且狗和孩子如果没有吉姆或他的妻子的帮助,不会自己爬进或爬出篮子。

你能想出好办法尽快使这 3 个人和一只狗安全地从火中逃生吗?

161. 是否平衡

请确认图 6-4 所示的这个系统是否会平衡。

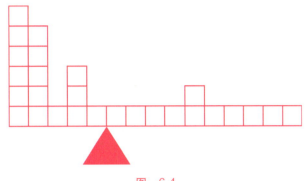

图 6-4

162. 卖给谁

下班时间到了，米贩老王有急事，准备关门。这时来了两位客人，一位要买 10 公斤米，一位要买 4 公斤米。米贩有一袋 12.5 公斤的大米，不够卖给两个人，而且店里只有一个可以量 0.5 公斤米的斗。米贩想用最短的时间完成交易后离开。请问他该把米卖给谁？

163. 灯泡的容积

发明家爱迪生曾经有一个名叫阿普顿的助手，他毕业于普林斯顿大学数学系，又在德国深造了一年，自以为天资聪明，头脑灵活，甚至觉得比爱迪生还强很多，处处卖弄自己的学问。

有一次，爱迪生把一只梨形的玻璃灯泡交给了阿普顿，请他算一算这个灯泡的容积是多少。阿普顿拿着那个玻璃灯泡，轻蔑地一笑，心想："想用这个难住我，太小看我了！"

他拿出尺子上上下下量了又量，还依照灯泡的式样画了一张草图，列出一道道算式，数字、符号写了一大堆。他算得非常认真，脸上都渗出了细细的汗珠。

过了一个多钟头，爱迪生问他算好了没有，他边擦汗边说："办法有了，已经算了一半多了。"

爱迪生走过来一看，在阿普顿面前放着许多草稿纸，上面写满了密密麻麻的等式。爱迪生微笑着说："何必这么复杂呢？还是换个别的方法吧。"

阿普顿仍然固执地说："不用换，我这个方法是最好、最简便的。"

又过了一个多钟头，阿普顿还在低着头列算式。爱迪生有些不耐烦了，马上用一个非常简单的办法就做到了。你知道他是怎么做的吗？

164. 比面积

下面有两块相同材质的木板，但它们的形状都很不规则，如图 6-5 所示，现在请你用最简单的办法来比较一下哪一个的面积大。你知道怎么做吗？

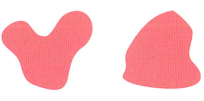

图 6-5

答　案

136．巧辨坏球

将 12 个球编号为 1 ~ 12，称量方法及结果如表 6-1 所示。

表　6-1

第一次		结果	第二次		结果	第三次		结果	结论
左	右		左	右		左	右		
1、2、3、4	5、6、7、8	右重	1、6、7、8	5、9、10、11	右重	1	2	右重	1轻
								平衡	5重
					平衡	2	3	右重	2轻
								平衡	4轻
								左重	3轻
					左重	6	7	右重	7重
								平衡	8重
								左重	9重
		平衡	1、2、3	9、10、11	右重	9	10	右重	10重
								平衡	11重
								左重	9重
					平衡	1	12	右重	12重
								左重	12轻
					左重	9	10	右重	9轻
								平衡	11轻
								左重	10轻
		左重	1、6、7、8	5、9、10、11	右重	6	7	右重	6轻
								平衡	8轻
								左重	7轻
					平衡	2	3	右重	3重
								平衡	4重
								左重	2重
					左重	1	2	平衡	5轻
								左重	1重

137．称量水果

把 10 个箱子分别编号 1 ~ 10，第 1 箱取 1 个，第 2 箱取 2 个……第 10 箱取 10 个，放在秤上一起称。本来应该是 55×500（克），当混入每个 400 克的桃子时，总重量会减少。减少几百克，就说明有几个 400 克的桃子，也就知道几号箱子里是 400 克的桃子了。

138．特别的称重

第一步，先把 10 克的砝码放在天平的一端，然后把这袋碳酸钠分开放在天平的两端使天平平衡，这时，天平两端的碳酸钠分别是 33 克和 23 克。

第二步，把 33 克粉末取下，然后仍然把 10 克的砝码放在天平的一端，然后从 23 克碳酸钠中取出一些放在天平的另一端，并使天平平衡，这时 23 克中剩下的就是 13 克。

第三步，重复第二步的动作，剩下的就是 3 克。

139. 药剂师称重

最简单的方法是：第一次，把 30 克和 35 克的砝码放在天平的一端，称出 65 克药粉；第二次，再用 35 克的砝码称出 35 克的药粉，剩下的药粉即为 200 克，再将 65 克药粉加 35 克药粉即为 100 克药粉。

140. 不准的天平

先把两个砝码都放在左边，在右边放上实验物品，等两边平衡时，取下砝码换成实验物品；再平衡时，左边的物品就是 600 克。

141. 分面粉

第一次，在天平的左边放两个砝码 2+7=9（克），右边放 9 克面粉。

第二次，在天平的左边放 7 克的砝码和刚量出的 9 克面粉，7+9=16（克），右边放 16 克面粉。

第三次，在天平的左边放前两次分出的 9+16=25（克）面粉，右边放 25 克面粉。

两个 25 克的面粉混合在一起，即得 50 克，剩下的为 90 克，分配完毕。

测出的面粉还可以当作砝码来测量物品，所以只要用 2 克、7 克及它们的和 9 克凑出 25 克即可，即 7+9+9=25（克）。

142. 称盐

第一步，将 9000 克盐用天平平分，一边是 4500 克。

第二步，将 4500 克盐用天平再平分，一边是 2250 克。

第三步，在 2250 克盐中，用 50 克和 200 克的砝码一起称量出 250 克，剩下的就是 2000 克。

143. 分辨胶囊

如果是三类药，第一瓶药取 1 颗，第二瓶药取 10 颗，第三瓶药取 100 颗，第四瓶药取 1000 颗，其他以此类推。

称得总重量，那么个位数上如果为 1，就说明第一瓶是 1 克的药；如果为 2，就说明第一瓶是 2 克的药；如果为 3，就说明第一瓶是 3 克的药；十位数上的数字就是第二瓶药的种类；百位就是第三瓶药的种类……

对于四类药、五类药……只要药的规格没有大于 10 克都可以用这个方法。

但是考虑到代价的问题，就要先看最重的药是多重，比如上面的例子是 3 克，就不要用十进制，改用三进制。如果有 n 类药，就用 n 进制。第一个瓶子取 n^0 颗药，第二个瓶子取 n^1 颗药……第 k 个瓶子取 n^{k-1} 颗药。把最后算出来的重量从十进制变换成 n 进制，然后从最低位向高位就依次是各瓶药的规格。

144. 砝码称重

可以称 6 种不同重量。从这 4 个砝码中任意选择 2 个组合，可以产生的不同组合是：（10 克，20 克），（10 克，40 克），（10 克，80 克），（20 克，40 克），（20 克，80 克），（40 克，80 克）。

145．砝码数量

至少需要 5 个砝码，分别重 1 克、3 克、9 克、27 克、81 克。

砝码是可以放在天平左、右两个托盘里的，等号左边代表被称物，右边代表砝码。

1＝1

2＝3－1

3＝3

4＝3＋1

5＝9－3－1

6＝9－3

7＝9－3＋1

8＝9－1

9＝9

10＝9＋1

11＝9＋3－1

⋮

121 之内都可以表示出来。

146．零钱

硬币：1 个一分，2 个二分，1 个五分。

纸币：2 张一角，1 张两角，1 张五角，2 张一元，1 张两元，1 张五元。

147．圈出的款额

运用（2）和（3）经过反复试验后，可以发现只有 4 对硬币组能满足这样的要求：一对中的两组硬币各为 4 枚，总价值相等，但彼此间没有一枚硬币面值相同。各对中每组硬币的总价值分别为：40 美分、80 美分、125 美分和 130 美分。具体情况如下（S 代表 1 美元，H 代表 50 美分，Q 代表 25 美分，D 代表 10 美分，N 代表 5 美分的硬币）：

DDDD　DDDH　QQQH　DDDS

QNNN　QNQQ　NDDS　QNHH

运用（1）和（4）可以看出，只有 30 美分和 100 美分能够分别从两对硬币组中付出而不用找零，但是，在标价单中没有 100 美分。因此，圈出的款额必定是 30 美分。

148．找零钱

答案是老三。原因如下。

（1）开始时。

老大有 3 个 10 美分硬币，1 个 25 美分硬币，账单为 50 美分。

老二有 1 个 50 美分硬币，账单为 25 美分。

老三有 1 个 5 美分硬币，1 个 25 美分硬币，账单为 10 美分。

店主有 1 个 10 美分硬币。

（2）交换过程。

第一次调换：老大拿 3 个 10 美分硬币换老三的 1 个 5 美分硬币和 1 个 25 美分硬币，此时老大手中有 1 个 5 美分硬币和 2 个 25 美分硬币，老三手中有 3 个 10 美分硬币。

第二次调换：老大拿 2 个 25 美分硬币换老二的 1 个 50 美分硬币，此时老大有 5 美分、50 美分硬币各一枚，老二有 2 个 25 美分硬币。

（3）支付过程。

老大有 5 美分、50 美分硬币各一个，可以支付其 50 美分的账单，不用找零。

老二有 2 个 25 美分硬币，可以支付其 25 美分的账单，不用找零。

老三有 3 个 10 美分硬币，可以支付其 10 美分的账单。

店主有 1 个 10 美分硬币，以及 25 美分、50 美分硬币各一枚。

（4）老三买水果。

付账后老三剩余 2 个 20 美分硬币，要买 5 美分的水果。而店主有 1 个 10 美分硬币，以及 25 美分、50 美分硬币各一枚，无法找开 10 美分，但硬币和为 95 美分，能找开纸币 1 美元。于是得出答案，老三用 1 美元的纸币付了水果钱。

149. 需要买多少

答案为 18 瓶。

先买 18 瓶，喝完之后，用 18 个空瓶子可以换 6 瓶饮料，这样就有 18+6=24（个）人喝到饮料了。然后再用 6 个空瓶子换 2 瓶饮料，喝到饮料的人有 24+2=26（个）。向小店借 1 个空瓶子，加上剩下的 2 个空瓶子，换 1 瓶饮料给第 27 个人，喝完后，再把最后 1 个瓶子还给小店。

150. 老师的儿子

3 个儿子的年龄加起来等于 13，有表 6-2 中所示的几种可能。

表 6-2

儿子一	儿子二	儿子三	年龄的积
1	1	11	11
1	2	10	20
1	3	9	27
1	4	8	32
1	5	7	35
1	6	6	36
2	2	9	36
2	3	8	48
2	4	7	56
2	5	6	60
3	3	7	63
3	4	6	72
3	5	5	75
4	4	5	80

有一个学生已知道老师的年龄,但仍不能确定老师3个儿子的年龄,所以老师只能是36岁。

3个儿子的年龄分别为1岁、6岁、6岁或2岁、2岁、9岁。又因为老师说只有一个儿子在托儿所,所以只能是1岁、6岁、6岁。如果是2岁、2岁、9岁,会有两个儿子在托儿所。

151. 射击比赛

条件这么多,一下子满足所有的条件有困难,我们把条件归类,逐条去满足。

首先,根据(1)、(2)、(5)三个条件,可以列举出4个加数互不相同,且最大加数不超过7及总和为17的所有情况。

1+3+6+7=17

1+4+5+7=17

2+3+5+7=17

2+4+5+6=17

再根据(3)、(4)两个条件不难看出,每人4发子弹的环数分别如下。

甲:1,3,6,7

乙:2,3,5,7

丙:2,4,5,6

从上面的分析可以看出,甲与丙的相同环数为6。

另外,还有一个简单的方法。

分别用甲1、甲2、甲3、甲4来表示甲4发子弹的环数。假设甲1、甲2和乙1、乙2相同,乙3、乙4和丙1、丙2相同,所以甲3、甲4、乙1、乙2、乙3、乙4、丙3、丙4,这8个数除了重复的那个数,应该是1~7,而这8个数的和是17+17=34,所以重复的应该是34-(1+2+3+4+5+6+7)=6。

152. 数学家打牌

首先,牌总数最多为17张,因此可以确定的是艾伦的牌最多有2张。若有3张或者3张以上,则其他三人至少分别有6张、5张、4张,总数大于17张。艾伦的牌有2张的情况如表6-3所示。

表 6-3

保罗	约翰	琼斯	艾伦	对应牌号
5	4	3	2	120
6	4	3	2	144
7	4	3	2	168
8	4	3	2	192
6	5	3	2	180
7	5	3	2	210
6	5	4	2	240

艾伦的牌为 1 张的情况时,另外 3 人牌的张数相加小于等于 16,且 3 人牌的张数各不相同,并且 3 人牌的张数中最小数大于等于 2,可以列出这 3 人牌的张数相乘的积最大为 $4\times5\times7=140$,其次为 $3\times5\times8=4\times5\times6=120$,再次为 $3\times4\times9=108$,此时已比上面所列最小积还要小。若答案在小于 108 的范围内,则不需要知道艾伦手里的牌是 1 张还是 2 张了。

所以,在知道 4 人的乘积及最小数是 1 还是 2 的情况下,如果还不能得出结论,只有在乘积为 120 时才有可能知道每个人手里的牌数,即保罗为 5 张牌,约翰为 4 张牌,琼斯为 3 张牌,艾伦为 2 张牌。

153. 赌注太小

第三局结束后,两人火柴棍数之和是 75 根,之差是 7 根,所以,最后一个有 41 根,另一个有 34 根。由于只有 34 能被 2 整除,而李新远第三局输了,所以李新远的火柴棍数是 34 根。所以第二局结束时,李新远的火柴棍数是 $34/2\times3=51$(根),王立平的火柴棍数是 $75-51=24$(根)。24 和 51 都能被 3 整除,所以无法判断谁赢了第二局。

假设李新远赢了第二局,则第一局结束时,李新远的火柴棍数是 $51/3\times4=68$(根),王立平的火柴棍数是 $75-68=7$(根)。由于只有 68 能被 4 整除,所以第一局也是李新远赢了,最开始李新远的火柴棍数是 $68/4\times5=85$(根),85 大于 75,所以假设错误,第二局是王立平赢了。

这样第一局结束时,王立平的火柴棍数是 $24/3\times4=32$(根),李新远的火柴棍数是 $75-32=43$(根)。由于只有 32 能被 4 整除,所以第一局也是王立平赢了,则最开始王立平的火柴棍数是 $32/4\times5=40$(根),而李新远的火柴棍数是 $75-40=35$(根)。

154. 买衣服

6 个人中丁和己是男生。

设男生买的衣服单价为 X,则所花的 1000 元可用下式表示:

$$2\times(1+2+3+4+5+6)X-N\times X=1000$$

其中,N 为两名男生所买衣服件数的总和,取值范围为 3 ~ 11。$42-N$ 的取值范围为 31 ~ 39。

X 为男生所买衣服的单价,要求 $1000/X$ 是个整数或者 2 位以内的有限小数。

解得

$$42-N=1000/X$$

可见,只有当 N 为 10 时,因为 $42-N=32$,所以 $1000/X$ 符合条件。

而能等于 10 的只有 4+6,也就由此得到本题的答案。

155. 称重的姿势

一样的,只要不动都一样。

156. 保持平衡

根据力与力臂的乘积相等,可以得到

$$18\times3=?\times9$$

所以问号处的物体应该为 6。

157．平衡还是不平衡

最终结果是第四架天平平衡。

设：球 $=A$，三角形 $=B$，长方体 $=C$，正方体 $=D$，由图 6-2 所示的情况可得出以下式子。

$$2A+3B=D \qquad ①$$

$$C=4B+A \qquad ②$$

$$D+A=3B+C \qquad ③$$

式① + 式②得

$$2A+3B+C=A+4B+D$$

即

$$A+C=B+D \qquad ④$$

式③ + 式④得

$$2A+C+D=4B+C+D$$

即

$$A=2B \qquad ⑤$$

式④ + 式⑤得

$$2A+C=3B+D \qquad ⑥$$

由式⑥可知最终结果。

158．保持平衡

根据前三个系统平衡，计算出圆、三角形、方形物体的重量，然后计算即可。第四个应该是 24。

159．绝望的救助

不管小明怎么爬，爬得快也好，爬得慢也好，甚至是跳跃，小明和小红都会相距 1 米。甚至他放手往下掉，再抓住绳子时也是如此。

160．火灾救生器

吉姆和他的妻子、孩子与狗可以按下列顺序逃生：降下孩子→降下小狗，升上孩子→降下吉姆，升上小狗→降下孩子→降下小狗，升上孩子→降下孩子→降下妻子，升上其他人及狗→降下孩子→降下小狗，升上孩子→降下孩子→降下吉姆，升上小狗→降下小狗，升上孩子→降下孩子。

161．是否平衡

这是个杠杆问题，利用力矩平衡原理很容易就可以判断出来。从中心的三角形处开始算起，第一块方块的力臂长设为 1，则第二块力臂为 3，第三块力臂为 5，其他以此类推。然后分别用每个方块乘以对应的力臂，看最后结果是否相同，即可判断图 6-4 所示系统是否平衡。

左边 $= 6 \times 9 + 5 \times 7 + 1 \times 5 + 3 \times 3 + 1 \times 1 = 104$

右边 $= 1 \times 1 + 1 \times 3 + 1 \times 5 + 1 \times 7 + 2 \times 9 + 1 \times 11 + 1 \times 13 + 1 \times 15 + 1 \times 17 + 1 \times 19 = 109$

所以不平衡。

162．卖给谁

卖给买 10 公斤米的客人，这样他只需把 12.5 公斤米舀出 2.5 公斤即可。如果卖给要买 4 公斤米的客人，则需要舀 4 公斤米。

163．灯泡的容积

他拿着玻璃灯泡，倒满了水，然后交给阿普顿说："去把灯泡里的水倒到量筒里量量，这就是我们需要的答案。"

经验有时候确实可以帮助我们进行思维，但是许多经验却会限制思维的广度和灵活性。当思维受阻时，就需要跳出思维的框架，从结果导向去思考问题。

164．比面积

因为木板的材质是相同的，所以只要分别量一下两块木板的重量，就能知道哪块木板的面积大了。

第七章　取水问题

取水问题是一个经典而有趣的逻辑题。

取水问题的经典形式是这样的。

假设有一个池塘,里面有无穷多的水。现在有 2 个没有刻度的空水壶,容积分别为 5 升和 6 升。

请问:如何用这两个空水壶从池塘里准确地取得 3 升水?

事实上要解决这种问题,只需把两个水壶中的一个从池塘里取满水,倒入另一个壶里。重复这一过程,当第二个水壶满了的时候,把其中的水倒回池塘。反复几次,就能得到答案了。例如下题:

5 升水壶取满水,倒入 6 升水壶中;5 升水壶再取满水,把 6 升水壶灌满,这时 5 升水壶中还有 4 升水,6 升水壶满;把 6 升水壶中的水倒光;5 升水壶中的 4 升水倒入 6 升水壶中;5 升水壶取满水,把 6 升水壶倒满,此时,5 升水壶里剩下的水正好为 3 升。

取水问题还有一些更复杂的扩展变形形式,比如取水的壶不止两个,例如有三个水壶,分别是 6 升、10 升和 45 升,现在要取 31 升水。

这样就不能用上面的循环倒水法了。那么我们应该如何在亲自倒水之前就知道靠这些水壶是否一定能倒出若干升水来呢?

简单地说,这类题就是用给定的三个数字,如何进行加减运算可以得出要取的数字?

就这个例子来说,我们知道,$10+10+10+10+6-45+10+10+10=31$,那么,根据这个式子我们就可以写出取水的过程:首先用 10 升的水壶取满水,倒入 45 升水壶中,连续取 4 次,这样 45 升水壶中有水 40 升;用 6 升水壶取满水,把 45 升水壶倒满,此时 6 升水壶中余 1 升水;把 45 升水壶里的水倒出;用 10 升水壶取满水,倒入 45 升水壶中,连续取 3 次,这样 45 升水壶中有 30 升水;把 6 升水壶里的 1 升水倒入 45 升水的壶中,即可得到想要的 31 升水。

当然,我们可以发现,要想用这三个数字得到 31 的方法绝对不止一种,也就是说我们取水的过程并非唯一的。大家可以用其他的方法试试看。

纵向扩展训练营

165. 巧取 3 升水

假设有一个池塘,里面有无穷多的水。现有 2 个空水桶,容积分别为 5 升和 6 升。如何只用这 2 个水桶从池塘里取 3 升的水?

166. 如何称 4 升油

一个人想去店里买 4 升油,可是正巧店里的秤坏了。店里只有一个 3 升的桶,一个 5 升的桶,而且两只桶的形状上下都不均匀。只用这些工具,你能想办法准确地称出 4 升油吗?

167. 商人卖酒

有一个商人用一个大桶装了 12 升酒到市场上去卖,两个酒鬼分别拿了 5 升和 9 升的小桶,其中一个酒鬼要买 1 升酒,另一个酒鬼要买 5 升酒。这时,又来了一个人,什么也没拿,说剩下的 6 升酒连同桶在内他都要了。奇怪的是,他们之间的交易没有用任何其他的称量工具,只是用这三个桶倒来倒去就完成了。你知道他们是怎么做的吗?

168. 如何卖酱油

卖酱油的人有满满的两桶酱油,每桶 10 千克,准备出售。这时,来了两个人想买酱油,一个人带了一个 4 千克的容器,另一个人带了一个 5 千克的容器。两个人都想买 2 千克酱油,卖酱油的人没有其他的测量工具,但是这个聪明的商人用两名顾客的容器倒来倒去,还是把酱油卖给了他们。请问他是怎么做到的?

169. 卖酒

超市里有两桶满的白酒,各是 50 斤。一天,来了两个顾客,分别带来了一个可以装 5 斤酒和一个可以装 4 斤酒的瓶子,他们每人只买 2 斤酒。如果只用这 4 个容器,你可以给他们两个人的瓶子里各倒入 2 斤的酒吗?

170．平分 24 斤油

　　张大婶、李二婶和王三婶三人一起去买油。一个大桶里有 24 斤油,三人打算平分。可是李二婶只带了一个能装 11 斤油的桶,王三婶的桶能装 13 斤,她们没有秤,因此三人没法分油。这时张大婶又找到一个 5 斤装的空油瓶,就用这几个容器,倒来倒去,终于把油分开了。你知道张大婶是怎么分的吗?

171．分饮料

　　小陈有两个小外甥。一天,他带了一瓶 4 升的果汁去看他们,并想把果汁平分给两个孩子。但是他只找到了两个空瓶子,一个容量是 1.5 升,另一个容量是 2.5 升。那么,有什么办法可以用这三个瓶子把果汁平均分配给他们呢?

4升　　2.5升　　1.5升

172．分享美酒

4 个酒鬼合伙买了两桶 8 斤的酒,他们打算平分喝掉这些酒。但是他们手上没有量具,只有一个可以装 3 斤酒的空酒瓶。如何用这 3 个没有刻度的容器,让 4 个人平分这些美酒呢?

173．酒鬼分酒

老张和老李都是酒鬼,一次他们一起去买酒,一桶 8 斤装的白酒在打折,于是他们决定一起买下来然后平分。不过他们手上只有一个 5 斤装和一个 3 斤装的空瓶。两个人倒来倒去,总是分不均匀。这时来了一个小孩,用一种方法,很快就把这些酒平分了。你知道他是怎么分的?

174．老板娘分酒

一人去酒店买酒,他明明知道店里只有两个舀酒的勺子,分别能舀 7 两和 11 两酒,却硬要老板娘卖给他 2 两酒。老板娘很聪明,用这两个勺子在酒缸里舀酒,并倒来倒去,居然量出了 2 两酒,你能做到吗?

175．分米

有一个商人挑着担子去集市上卖米。他要把 10 斤米平均分在两个箩筐中以保持平衡,但手中没有秤,只有一个能装 10 斤米的袋子,一个能装 7 斤米的桶和一个能装 3 斤米的脸盆。请问:他应该怎样平分这 10 斤米呢?

横向扩展训练营

176. 卖糖果

小新的爸爸开了一个糖果店,周日的时候,爸爸让小新帮忙看店,自己则有事出门。之前有个人说要订购一批糖果,只记得是不超过 1500 颗糖,但是具体数字一直没有确定下来,周日来拿。不巧的是小新不会包装糖果,爸爸就把 1500 颗糖包装成了 11 包,这样顾客无论要买的是多少颗,都可以不用打开包装直接给他。

请问:你知道小新的爸爸是怎么包的吗?

177. 分苹果

总公司分给某营业点一箱苹果共 48 个,并给出了分配方法:把苹果分成 4 份,并且使第一份加 2,第二份减 2,第三份乘 2,第四份除 2 与苹果的总数一致。如果你是该营业点的负责人,应该怎么分呢?

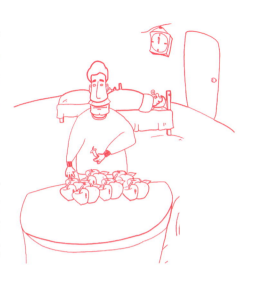

178. 分羊

有一个牧民死的时候留下一群羊,同时立了个奇怪的遗嘱:"把羊的 2/3 分给儿子,剩下的羊的 2/3 分给妻子,再剩下的羊的 2/3 分给女儿,就没有了。"3 个人数了数羊,一共有 26 只,却不知道该怎么按牧民的遗嘱来分。你能帮助他们吗?

179. 分枣

幼儿园里的园长给新来的老师一包枣,让她把这些枣分给小朋友们,并告诉她分法:第一个小朋友得到 1 颗枣和余数的 1/9;第二个小朋友得到 2 颗枣和余数的 1/9;第三个小朋友得到 3 颗枣和余数的 1/9;给剩下的小朋友的枣数以此类推。园长告诉她只要按这个方法分,所有小朋友都会得到枣,并且是公平合理的。老师将信将疑地按园长的分法做了,结果确实如此。请问,一共有几个小朋友?每人分到几颗枣呢?

180. 海盗分椰子

一艘海盗船被天上砸下来的一块石头给击中了,5 个倒霉的家伙只好逃难到一座孤岛上,他们发现岛上空荡荡的,只有一棵椰子树和一只猴子。

大家把椰子全部采摘下来放在一起,但是天已经很晚了,所以大家就决定先去睡觉。

晚上某个家伙起床悄悄地将椰子分成 5 份,结果发现多一个椰子,就顺手给了那只猴子,然后悄悄地藏了一份,把剩下的椰子混在一起放回原处后,悄悄地回去睡觉了。

过了一会儿,另一个家伙也起床悄悄地将剩下的椰子分成 5 份,结果发现多一个椰子,顺手就又给了猴子,然后悄悄地藏了一份,把剩下的椰子混在一起放回原处后,悄悄地回去睡觉了。

又过了一会儿……

总之,5 个家伙都起床过,都做了一样的事情。

早上大家都起床后,开始各自心怀鬼胎地分椰子,这个猴子还真不是一般的幸运,因为这次把椰子分成 5 份后居然还是多一个椰子,只好又给它了。

请问：这堆椰子最少有多少个？

181．午餐分钱

约克和汤姆结对旅游，他们一起吃午餐。约克带了 3 块饼，汤姆带了 5 块饼。这时有一个路人路过，他饿了。约克和汤姆邀请他一起吃饭，约克、汤姆和路人将 8 块饼全部吃完。吃完饭后，路人感谢他们的午餐，给了他们 8 个金币。

约克和汤姆为这 8 个金币的分配展开了争执。汤姆说："我带了 5 块饼，理应我得 5 个金币，你得 3 个金币。"约克不同意："既然我们在一起吃这 8 块饼，理应平分这 8 个金币。"约克坚持认为每人各得 4 个金币。为此，约克找到公正的法官。

法官说："孩子，汤姆给你 3 个金币，因为你们是朋友，你应该接受它；如果你要公正的话，那么我告诉你，公正的分法是，你应当得到 1 个金币，而你的朋友汤姆应当得到 7 个金币。"约克不理解。

请问：你知道这是为什么吗？

182．公平分配

3 个人共同出钱，到镇上去买生活用品。回来后，除酒之外的其他物品都可以均匀地分成 3 份。由于当时粗心大意，回来后他们才发现买的 21 瓶酒被商家动了手脚：最上面一层的 7 瓶酒是满的，中间一层的 7 瓶酒都只有一半，而最下面一层的 7 瓶酒是空瓶子。去找商家讨说法是不太现实的。请问：3 个人如何公平地分这些酒呢？（提示：两个半瓶可以合为一个满瓶。）

183．巧分银子

10 个兄弟分 100 两银子，从小到大，每两人相差的数量都一样。又知第八个兄弟分到 6 两银子。请问：每两个人相差的银子是多少？

184．大牧场主的遗嘱

有个牧场主要把自己的产业分给他的儿子们，于是召集他们宣读遗嘱。

他对大儿子说："儿子，你认为你能够养多少头牛，你就拿走多少；你的妻子可以取走剩下的牛的 1/9。"

他又对二儿子说："你可以拿走比大哥多一头牛，因为他有了先挑的机会；至于你的妻子，可以获得剩下的牛的 1/9。"

然后对其余的儿子也说了类似的话，每人拿到比他大一点的哥哥的牛数多一头，而他们的妻子则获得剩下的牛的 1/9。

当最小的儿子拿完牛之后，所有的牛都分完了。

于是牧场主又说："马的价值是牛的 2 倍，剩下的 7 匹马的分配要使每个家庭得到同样价值的牲口。"

请问：大牧场主共有多少头牛？他有几个儿子？

185．古罗马人遗嘱问题

传说，有一个古罗马人，在他临死时，给怀孕的妻子写了一份遗嘱：生下来的如果是儿子，就把遗产的 2/3 给儿子，母亲拿 1/3；生下来的如果是女儿，就把遗产的 1/3 给女儿，母亲拿 2/3。结果这位妻子生了一男一女。请问：该怎样分配才能接近遗嘱的要求呢？

斜向扩展训练营

186．盲人分衣服

有两个盲人各自买了两件一样的黑衣服和两件一样的白衣服，只是他们把这些衣服放混了，但是不久他们没有经过任何人的帮助就自己把这些衣服分开了。你知道他们是怎么做到的吗？

187．盲人分袜

有两位盲人他们都各自买了 2 双黑袜和 2 双白袜，4 双袜子的材质、大小完全相同，且每双袜子都有一张商标纸连着。两位盲人不小心将 4 双袜子混在了一起。他们每人怎样做才能取回黑袜和白袜各 2 双呢？

188．巧分大米和小麦

王阿姨去市场买了 10 斤大米，又替张奶奶买了 10 斤小麦。但是由于只带了一个布袋，所以她将小麦放在了布袋里，然后扎紧，又将大米装在了上边。她准备回家以后把大米倒出来，然后用布袋把张奶奶的小麦送过去。可是就在王阿姨回家的路上，正好遇到了拿着布袋的张奶奶。

请问：在没有任何其他容器的情况下，怎样才能把各自的粮食装到自己的布袋里呢？

189．平分油

有两个不规则但大小、形状、轻重都完全一样的塑料油壶，一个油壶中装有大半壶油，另一个油壶中是空的。请问：在没有称量工具的情况下，如何用最简单的办法把这些油平分？

190．各拿了多少钱

4 个小朋友出去买零食。

小明说："我有 1 元钱。"

小红说："我们 4 个人的钱相加是 6.75 元。"

小新说："我们 4 个人的钱相乘也是 6.75 元。"

小志说："小明的钱最少，我的钱最多，小新比小红的钱多。"

你能知道他们每个人各有多少钱吗？

191．司令的命令

司令带兵出征，给粮草官留下命令：如果刘军长来借粮，由于他是自己人，可把粮草的 2/3 给他，自己留 1/3；如果张军长来借粮，因为他是盟友，给他 1/3 粮草，自己留 2/3。结果刘军长和张军长同时来借粮。请问：粮草官怎么分配才不违背司令的命令呢？

192．分蛋糕

小霞过生日，家里来了 19 个同学。爸爸买了 9 个小蛋糕来招待这 20 个小朋友。怎么分呢？不分给谁也不好，应该每个人都有份。那就只有把这些小蛋糕切开了，可是切成碎块太难吃了，爸爸希望每个蛋糕最多分成 5 块。

你有什么办法吗？

193．分田地

解放战争时，有个村子在打土豪、分田地。最后就剩下两个农户了，他们两户要分三块地。三块地正好都是正方形的，边长分别为 30 米、40 米、50 米。村民打算把这三块地平均分给两个农户，该怎么分？

194．解救女儿

又到了一年收租子的时候了，由于水灾，长工老牛家今年麦子歉收，拿不出麦子交租，便到地主家求情。地主说："如果我就这么放了你，别人都不给我交租，那我岂不是没有任何办法了？你把你的女儿卖给我顶今年的租子吧。"老牛很爱自己的女儿，誓死不肯把女儿抵给地主，就说："如果这样，不如杀死我。"地主说："那我给你出道题，你能答出来，就推迟你一年时间交租子。我这里有两个水缸，每个水缸能装 7 桶水，左边这个已经装满了，右边的那个只装了 4 桶水。拿着这个水桶,只准你用一次,在不搬动水缸的情况下,让右边水缸里的水比左边水缸里的水多。你要是做不到就让你女儿来我家做工吧,也别说我没有给你机会。"别的长工听到这个题目都觉得老牛这下完蛋了,因为谁都知道,如果只允许用水桶舀一次,那么两个水缸里的水将是 7−1=6 和 4+1=5。后者怎么可能比前者多呢?

在老牛一筹莫展的时候,老牛的媳妇儿想出了一条妙计。最后地主不得不放了老牛的女儿。你知道她是怎么做到的吗?

195．倒硫酸

大家知道硫酸有强烈的腐蚀性,所以在倒的时候需要格外小心。一次,小明需要 5 升硫酸,但是实验室里只有一个装有 8 升硫酸的瓶子,这个瓶子上有 5 升和 10 升两个刻度。请问:他该如何准确地倒出 5 升硫酸呢?

答　　案

165．巧取 3 升水

先用 6 升水壶取 6 升水,然后从 6 升水壶往 5 升水壶中倒满水,那么 6 升水壶还剩下 1 升水。把 5 升水壶的水倒光,再把 6 升水壶里的 1 升水倒入 5 升水壶里。然后把 6 升水壶取满水,往 5 升水壶里倒水,倒满时,6 升水壶里还剩下 2 升水。把 5 升水壶的水倒光,再把 6 升水壶里的 2 升水倒入 5 升水壶里。用 6 升水壶取满水,往 5 升水壶里倒水,倒满时,共往 5 升水壶里倒了 3 升水,6 升水壶里还剩下 3 升水,就得到了 3 升的水。

166．如何称 4 升油

本题就是分析用 3、5 两个数如何得到 4。即

$$5−3=2,\ 3−2=1,\ 5−1=4$$

也就是说,用 5 升的桶装满油倒入 3 升的桶,剩下 2 升;然后把 3 升的桶倒空,把 2 升油再倒进去;之后倒满 5 升的桶,用它把 3 升的桶倒满,这样 5 升的桶里剩下的就是 4 升。

167．商人卖酒

先从大桶中倒出 5 升酒到 5 升的桶里,然后将其倒入 9 升的桶里;再从大桶里倒出 5 升的酒到 5 升的桶里,然后用 5 升桶里的酒将 9 升的桶灌满。现在,大桶里剩下 2 升酒,9 升的桶则已装满,5 升的桶里有 1 升酒。再将 9 升的桶里的酒全部倒回大桶里,大桶里有 11 升酒。把 5 升桶里的 1 升酒倒进 9 升的桶里,再从大桶里倒出 5 升酒,现在大桶里有 6 升酒,而另外 6 升酒也被分成了 1 升和 5 升两份。

168．如何卖酱油

卖酱油的方法如表 7-1 所示。即第 1 次将大容器倒满,第 2 次用大容器将小容器倒满,第 3 次将小容器的酱油倒入大桶。其他以此类推。

表 7-1
单位：千克

次　　数	10千克/桶	10千克/桶	5千克/容器	4千克/容器
0	10	10	0	0
1	5	10	5	0
2	5	10	1	4
3	9	10	1	0
4	9	10	0	1
5	4	10	5	1
6	4	10	2	4
7	8	10	2	0
8	8	6	2	4
9	10	6	2	2

169．卖酒

假设两个装满酒的桶分别为 A 桶和 B 桶，倒酒的步骤如下：从 A 桶中倒出酒并把 5 斤的瓶子倒满，然后用 5 斤的瓶子把 4 斤的瓶子倒满，这时，5 斤的瓶子里只有 1 斤酒；将 4 斤的瓶子里的酒倒回 A 桶，把 5 斤的瓶子里的 1 斤酒倒入 4 斤的瓶子；从 A 桶中倒出酒并把 5 斤的瓶子倒满，然后用 5 斤的瓶子把 4 斤的瓶子倒满，这时，5 斤的瓶子里剩余的酒就是 2 斤；将 4 斤的瓶子中的酒倒回 A 桶，然后用 B 桶把 4 斤的瓶子倒满；再用 4 斤的瓶子中的酒把 A 桶加满，这时 4 斤的瓶子中剩余的酒也是 2 斤。

170．平分 24 斤油

先把 13 斤的桶装满，然后用 13 斤的桶倒满 5 斤的瓶，这时 13 斤的桶里就剩下 8 斤，也就是 1/3。将 1/3 的油倒入 11 斤的桶中，分给其中一位。再用倒满 13 斤的桶重新来一次，就完成了。

171．分饮料

用 4 升瓶子里的果汁把 2.5 升瓶子倒满，用 2.5 升瓶子里的果汁把 1.5 升瓶子倒满，把 1.5 升瓶子里的果汁倒回 4 升瓶子中，并把 2.5 升瓶子中的 1 升倒回 1.5 升瓶子中；用 4 升瓶子中的 3 升把 2.5 升瓶子倒满，然后用 2.5 升瓶子中的果汁把 1.5 升瓶子倒满，把 1.5 升瓶子中的果汁倒回 4 升瓶子中。这时，4 升瓶子和 2.5 升瓶子中的果汁都是 2 升的，正好平均分配。

172．分享美酒

两个 8 斤的桶分别设为 1 号和 2 号，3 斤的空酒瓶设为 3 号。4 个人设为甲、乙、丙、丁，16 斤的酒让 4 人平分，每人应分到 4 斤。

（1）用 1 号的酒把 3 号倒满，让甲喝掉 3 号里的 3 斤酒；然后再把 1 号的酒倒满 3 号，让乙喝掉 1 号剩下的 2 斤酒，这时 1 号容器是空的，2 号、3 号都是满的。此时甲喝了 3 斤酒，乙喝了 2 斤酒，丙、丁都没喝。

（2）把 3 号里的 3 斤酒倒入空的 1 号里，接着把 2 号里的酒倒入 3 号，3 号再倒入 1 号；再把 2 号里的酒倒入 3 号，3 号里有 3 斤酒，而 1 号只能再倒 2 斤酒，当 1 号倒满时，3 号里剩下 1 斤,这样 1 号里是 8 斤酒,2 号里是 2 斤酒,3 号里剩下 1 斤酒。3 号里的 1 斤酒让丙喝。

（3）把 1 号的酒倒入空的 3 号,再把 2 号的酒倒入 1 号,这样 1 号里是 7 斤酒,3 号里是 3 斤酒。接着把 3 号的酒倒入 2 号,把 1 号的酒倒入 3 号,3 号的酒再倒入 2 号,1 号的酒再倒入 3 号,这时 1 号里有 1 斤酒,2 号里有 6 斤酒,3 号里有 3 斤酒。1 号的 1 斤酒让丁喝。

（4）用 3 号的酒把 2 号倒满,这样 3 号剩下 1 斤酒,让甲把 3 号的酒喝掉,甲喝了 3+1=4（斤）。这时 1 号和 3 号是空的,2 号是满的,再把 2 号的酒倒入 3 号,让丙把 3 号的酒喝掉,丙喝了 1+3=4（斤）。

（5）再把 2 号的酒倒入 3 号,这时 2 号里有 2 斤酒,3 号里有 3 斤酒。让乙把 2 号的酒喝掉,乙喝了 2+2=4（斤）;丁把 3 号的酒喝掉,丁喝了 1+3=4（斤）。

如此下来,4 个人都喝足了 4 斤酒。

173. 酒鬼分酒

平分的方法如表 7-2 所示。

表 7-2

次　数	类　　　型		
	8 斤瓶	5 斤瓶	3 斤瓶
第一次	3	5	0
第二次	3	2	3
第三次	6	2	0
第四次	6	0	2
第五次	1	5	2
第六次	1	4	3
第七次	4	4	0

174. 老板娘分酒

11 两的勺子盛满酒,倒满 7 两的勺子,剩下 4 两酒;7 两的勺子倒空,剩下的 4 两酒倒入 7 两的勺子中;11 两的勺子重新盛满酒,把 7 两的勺子（原有 4 两酒）倒满,剩下 8 两酒;7 两的勺子倒空,11 两的勺子里剩下的 8 两酒倒满 7 两的勺子,剩下 1 两酒;7 两的勺子倒空,11 两的勺子里剩下的 1 两酒倒入 7 两的勺子中;11 两的勺子重新盛满酒,把 7 两的勺子（原有 1 两酒）倒满,剩下 5 两酒;7 两的勺子倒空,11 两的勺子里的 5 两酒倒入 7 两的勺子中;11 两的勺子重新盛满酒,把 7 两的勺子（原有 5 两酒）倒满,剩下 9 两酒;7 两的勺子倒空,11 两的勺子里剩下的 9 两酒倒满 7 两的勺子,剩下的就是 2 两酒。

175. 分米

（1）两次装满脸盆,倒入 7 斤的桶里,这样桶里有 6 斤米。

（2）再往脸盆里倒满米,用脸盆里的米将桶装满,这样脸盆中还有 2 斤米。

（3）将桶里的 7 斤米全部倒入 10 斤的袋子中。

（4）将脸盆中剩余的 2 斤米倒入 7 斤的桶里。

（5）将袋子里的米倒 3 斤在脸盆中，再把脸盆中的米倒入桶里，这样桶和袋子里就各有 5 斤米了。

176．卖糖果

把 1500 颗糖分成 1、2、4、8、16、32、64、128、256、512、541 共十一份，每份包成一包，这样只要少于 1500 颗糖，无论客人要多少颗，都可以成包买走。

177．分苹果

4 份分别是 6、12、9、27。

设最后都为 x，则第一份为 $x-3$，第二份为 $x+3$，第三份为 $x/3$，第四份为 $3x$，总和为 48，求得 $x=9$。这样就可以知道原来每一份各是多少了。

178．分羊

从邻居家借一头羊，这样一共有 27 只，把 2/3，也就是 18 只分给儿子；剩下 9 只的 2/3，即 6 只分给妻子；剩下 3 只的 2/3，即 2 只给女儿；再把剩下的一只还给邻居，这样就分完了。最后每人分别分到 18 只、6 只、2 只羊。

179．分枣

一共有 8 个小朋友，每人分到 8 颗枣。

180．海盗分椰子

15 621 个。解答方法有很多，下面是最容易理解的一种。

假设给这堆椰子增加 4 个，则每次刚好分完而没有剩余。

解：设椰子总数为 $n-4$，天亮后每人分到的个数为 a，则

$$\frac{1}{5} \times \frac{4}{5} \times \frac{4}{5} \times \frac{4}{5} \times \frac{4}{5} \times \frac{4}{5} \times n = a$$

$$\frac{1024}{15\,625} \times n = a$$

因为 a 是整数，所以 n 最小为 15 625，则

$$n-4 = 15\,621$$

还可以设最开始有 X 个椰子，天亮时每人分到 Y 个椰子，则

$$X = 5A + 1$$
$$4A = 5B + 1$$
$$4B = 5C + 1$$
$$4C = 5D + 1$$
$$4D = 5E + 1$$
$$4E = 5Y + 1$$

化简以后得

$$1024X = 15\,635Y + 11\,529$$

这是个不定式方程，依照题目可求最小正整数的解。如果 X_1 是这个方程的解，则

$X_1+15\ 625$（$5^6=15\ 625$，因为椰子被连续 6 次分为 5 堆）也是该方程的解，那么用个取巧的方法来解，就是设 $Y=-1$，则 $X=-4$。如果最开始有 -4 个椰子，那么大家可以算一下，无论分多少次，都是符合题意的，所以把 -4 加上 15 625 就是最小的正整数的解了，因此答案是 15 621 个。

181．午餐分钱

因为 3 人吃了 8 块饼，其中，约克带了 3 块饼，汤姆带了 5 块。约克吃了其中的 1/3，即 8/3 块；路人吃了约克带的饼中的 $3-8/3=1/3$；汤姆也吃了 8/3，路人吃了他带的饼中的 $5-8/3=7/3$。这样，路人所吃的 8/3 块饼中，有约克的 1/3，汤姆的 7/3。路人所吃的饼中，属于汤姆的是属于约克的 7 倍。因此，对于这 8 个金币，公平的分法是：约克得 1 个金币，汤姆得 7 个金币。

182．公平分配

把剩下 7 个半瓶的酒中的 2 个半瓶倒入另外 2 个半瓶中，这样就是 9 个满的，3 个半满的，9 个空的。这样 1 个人即可分得 3 个满的，1 个半瓶的，3 个空瓶。

183．巧分银子

因为每两个人相差的数量相等，第 1 个与第 10 个兄弟，第 2 个与第 9 个兄弟，第 3 个与第 8 个兄弟，第 4 个与第 7 个兄弟，第 5 个与第 6 个兄弟，每两个兄弟分到银子的数量的和都是 20 两，而第 8 个兄弟分到 6 两，这样可求出第 3 个兄弟分到银子的数量为 $20-6=14$（两）。而从第 3 个兄弟到第 8 个兄弟中间有 5 个两人的差，由此便可求出每两人相差的银子为 $(14-6)/5=1.6$（两）。

184．大牧场主的遗嘱

大牧场主有 7 个儿子，56 头牛。第 1 个儿子拿了 2 头牛，他的老婆拿了 6 头；第 2 个儿子拿了 3 头牛，他的老婆拿了 5 头；第 3 个儿子拿了 4 头牛，他的老婆也拿了 4 头。以此类推，直到最后，第 7 个儿子拿到 8 头牛，但牛已经全部分光。现在每个家庭都分到 8 头牛，所以每家可以再分到 1 匹马，于是他们都分到了价值相等的牲口。

185．古罗马人遗嘱问题

其实这个问题很简单，只要满足一点，就是儿子所得是母亲的 2 倍，母亲所得是女儿的 2 倍，即可满足古罗马人的遗嘱。

列个方程就可以很方便地解出这个问题。首先，设女儿所得为 x，则妈妈所得为 $2x$，儿子所得为 $4x$。

所以分配方法为将所有财产平均分为 7 份，儿子得 4 份，母亲得 2 份，女儿得 1 份。

186．盲人分衣服

他们把衣服放在太阳下晒，过一段时间去摸一下，黑色的衣服要热一些，而白色的衣服不怎么热，这样就可以分开了。

187．盲人分袜

因为 4 双袜子的材质、大小完全相同,他们把商标纸撕开,每人取每双中的一只,然后重新组合成两双白袜和两双黑袜就可以了。

188．巧分大米和小麦

先把张奶奶的布袋翻过来,把王阿姨的大米倒入张奶奶的布袋里,扎上绳子。然后把张奶奶的布袋的上半截翻过来,倒入小麦。再解开张奶奶布袋的绳子,把下面装的大米倒入王阿姨的布袋里。

189．平分油

把它们放在水中,然后一点点倒油并调整,直至两个油壶的吃水线相同为止。

190．各拿了多少钱

4 个人分别为 1 元、1.50 元、2 元、2.25 元。

191．司令的命令

其实这个问题很简单,只要满足一点,就是刘军长所得是留下的 2 倍,留下的是张军长借走的 2 倍,即可满足司令的命令。

所以分配的方法为将所有粮草平均分为 7 份,刘军长得 4 份,自己留 2 份,张军长得 1 份。

192．分蛋糕

把 4 个小蛋糕各切成 5 份,然后把这 20 块分给 20 个人每人一块。另 5 个小蛋糕切成 4 等份,也分给每人一块。于是,每个孩子都得到一个 1/5 块和一个 1/4 块,这样, 20 个孩子都平均到了小蛋糕。

193．分田地

经过计算可以知道：$30^2+40^2=900+1600=2500=50^2$。由此可见最大一块地的面积正好是两块地面积的和。所以,最简单的方法是：将最大的一块地给一户农民,另外两块给另一户。

194．解救女儿

在用水桶舀水之前,先把水桶正着按入左边水缸里,由于水缸是满的,所以水会溢出来。水桶里面是空的,加上水桶有一定厚度,所以按下水桶可以挤出超过 1 水桶的水,再舀出一水桶的水并倒入右面的水缸里,就达到了目的。

195．倒硫酸

他先找一些玻璃球,放入硫酸中,使液面升至 10 升处,然后把硫酸倒出到 5 升的位置即可。

第八章 猜数游戏

猜数游戏又叫猜数字游戏。以前在电子设备（如文曲星）上是一种风靡一时的经典益智游戏。

猜数字游戏介绍如下。

（1）游戏开始,计算机会随机产生一个数字不重复的四位数。

（2）你将自己猜的四个数字填在答案框内提交。

（3）计算机会将你提交的数与它产生的数进行比较,结果用"*A*B"的形式表示。A 代表位置正确数字也正确,B 代表数字正确但位置不正确。比如,"1A2B"表示你猜的数字中有 1 个数字的位置正确且数值也正确;另外,你还猜对了 2 个数字,但位置不对。

（4）如果你能在 10 次尝试之内,把所有数字的数值和位置全部猜对,即结果为"4A0B",则游戏成功。

下面列举一个实例。

计算机随机产生的一个数值是 9154。当然,我们不会提前知道该值,我们能够做的就是一次次尝试。

第一次,我们没有得到任何提示,为了方便,按照数字顺序猜数即可,比如我们选择1234。结果系统会提示我们 1A1B,即 1、2、3、4 四个数中有两个数字是选中数字,且有一个位置选对了。

第二次,我们重新选择四个数字 5678,系统返回的结果为 0A1B。也就是说, 5、6、7、8 中有一个数字是选中数字,但位置不对。同时我们还可以得出一个结论,数字 9 和 0 里有且只有一个是选中数字。

第三次,我们选择数字 0987,系统返回的结果为 0A1B。因为我们知道, 0 和 9 中有一个是选中数字,同时 8 和 7 交换位置来推断位置的正确性。这时可以排除 8 和 7 是选中数字,而且 5 和 6 中有且只有一个选中数字。

第四次,我们选择数字 7560,系统返回的结果为 0A1B。因为此时不确定因素太多,所以我们把已经确定不是选中数字的 7 加入进来是为了减少确定数字的难度,同时记得变换5 和 6 的位置。此时,我们可以确定数字 0 不是选中数字,而 9 是选中数字,同时也排除了一些数字不可能在的位置。

第五次,我们选择数字 5634,系统返回的结果为 1A1B。前面我们知道, 5 和 6 中有一个选中数字,但位置不对,这就说明 3 和 4 中有一个选中数字,且位置是对的。

第六次,我们选择数字 9634,系统返回的结果为 2A0B。前面我们知道, 9 是选中数字,换了它之后,正确的数字没有增加,说明替换掉的 5 是选中数字,而且 9 的位置也是正确的。

第七次，我们选择数字 9254，系统返回的结果为 3A0B。首位是 9 毫无疑问，然后加入上一步确认的数字 5，因为前面已经确认 5 不在第 1 位和第 2 位，所以本次放在第 3 位来确认位置，4 的位置不变。如果放在第 2 位的数字 2 是选中数字，那么返回的结果必定会至少出现一个 B，从而得出 2 不是选中数字，1 才是。

第八次，确定了的四个数字是 9154，从而得到正确答案。

当然，猜数字游戏的步骤不是唯一的。如果你足够聪明，可能会用更少的次数就可以猜出正确答案。我们在测试不同数字的时候会返回不同的结果，下一步用什么策略也是根据不同的结果决定的，没有一定之规。但是在猜数字的过程中，一些重要的技巧却是常用的。比如，将数字分组，先确认每组中选中数字的个数，比如在换位置的时候范围不要太大，否则变数太大，比如用明知不是选中数字或者明知是选中数字的数字来减少选择，从而快速地确认正确的数字和位置，比如经常变换数字的位置和顺序来判断位置的正确性等。

纵向扩展训练营

196. 猜帽子上的数字

100 个人每人戴一顶帽子，每顶帽子上有一个数字（数字限制在 0 ～ 99 的整数），这些数字有可能重复。每个人只能看到其他 99 个人帽子上的数字，看不到自己帽子上的数字。这时要求所有人同时说出一个数字，是否存在一个策略，使得至少有一个人说出的是自己头上帽子的数字？如果存在，请构造出具体的推算方法；如果不存在，请给出严格的证明。

197. 各是什么数字

A、B、C 3 个人头上的帽子上各有一个大于 0 的整数，3 个人都只能看到别人头上的数字，看不到自己头上的数字。但有一点是 3 个人都知道的，那就是 3 个人都是很有逻辑的人，总是可以做出正确的判断，并且 3 个人总是说实话。

现在，告诉 3 个人已知条件为：其中一个数字为另外两个数字之和，然后开始对 3 个人提问。

先问 A："你知道自己头上的数字是多少吗？"

A 回答："不知道。"

然后问 B："你知道自己头上的数字是多少吗？"

B 回答："不知道。"

问 C，C 也回答不知道。

再次问 A，A 回答："我头上是 20。"

请问：B、C 头上分别是什么数字？（答案有多种情况）

198. 纸条上的数字

老师出了一道测试题想考考皮皮和琪琪。她写了两张纸条，对折起来后，让皮皮、琪琪每人拿一张，说："你们手中的纸条上写的数都是自然数，这两个数相乘的积是 8 或 16。

现在,你们能通过手中纸条上的数字,推算出对方手中纸条上的数字吗?"

皮皮看了自己手中纸条上的数字后说:"我猜不出琪琪的数字。"

琪琪看了自己手中纸条上的数字后,也说:"我猜不出皮皮的数字。"

听了琪琪的话后,皮皮又推算了一会儿,说:"我还是推算不出琪琪的数字。"

琪琪听了皮皮的话后,重新推算了一会儿,也说:"我同样推算不出来。"

听了琪琪的话后,皮皮很快地说:"我知道琪琪手中纸条上的数字了。"并报出数字,果然就是那个数。

你知道琪琪手中纸条上的数字是多少吗?

199. 纸片游戏

Q 先生、S 先生和 P 先生在一起做游戏。Q 先生用两张小纸片,各写一个数,这两个数都是正整数,差为 1。他把一张纸片贴在 S 先生额头上,另一张贴在 P 先生额头上,于是,两个人只能看见对方额头上的数。

Q 先生不断地问:"你们谁能猜到自己头上的数?"

S 先生说:"我猜不到。"

P 先生说:"我也猜不到。"

S 先生又说:"我还是猜不到。"

P 先生又说:"我也猜不到。"

S 先生仍然猜不到;P 先生也猜不到。

S 先生和 P 先生都已经三次猜不到了。

可是,到了第四次,S 先生喊起来:"我知道了!"

P 先生也喊道:"我也知道了!"

请问:S 先生和 P 先生头上各是什么数?

200. 猜数字 (1)

甲、乙、丙是某教授的 3 个学生,3 个人都足够聪明。教授发给他们 3 个数字(自然数,没有 0),每人一个数字,并告诉他们这 3 个数字的和是 14。

甲马上说道:"我知道乙和丙的数字是不相等的!"

乙接着说道:"我早就知道我们 3 个的数字都不相等了!"

丙听到这里马上说:"哈哈,我知道我们每个人的数字都是几了!"

问题:这 3 个数分别是多少?

201. 苏州街

陈一婧住在苏州街,这条大街上的房子的编号是 13 ~ 1300 号。龚宇华想知道陈一婧所住房子的号码。龚宇华问道:"它小于 500 吗?"陈一婧做了答复,但她说了谎话。龚宇华问道："它是个平方数吗？"陈一婧做了答复,同样没有说实话。龚宇华问道："它是个立方数吗？"陈一婧回答并讲了真话。龚宇华说道："如果我知道第二位数是否是 1,我就能告诉你那所房子的号码。"陈一婧告诉了他第二位数是否是 1,龚宇华也讲了他所认为的号码,但是龚宇华说错了。请问：陈一婧住的房子是几号?

202．贴纸条猜数字

　　一个教逻辑学的教授有三个学生,他们都非常聪明。一天教授给他们出了一道题,教授在每个人的头上贴了一张纸条并告诉他们,每个人的纸条上都写了一个正整数,且某两个数的和等于第三个数。(每个人可以看见另外两个头上的数,但看不见自己的数。)

　　教授问第一个学生："你能猜出自己的数吗？"第一个学生回答："不能。"问第二个学生他也说不能,问第三个学生他还是说不能。回头再问第一个和第二个学生,他们都说不能；再问第三个学生,他说："我猜出来了,是144！"教授很满意地笑了。请问：你能猜出另外两个人头上贴的数是什么吗？请说出理由。

203．猜年龄

　　小张和小王在路上遇见了小王的三个熟人 A、B、C。

　　小张问小王："他们三个人今年都多大？"

　　小王想了想说："那我就考考你吧：他们三个人的年龄之和为我们两个人的年龄之和,他们三个人的年龄相乘等于 2450。"

　　小张算了算说："我还是不知道。"

　　小王听后笑了笑说："那我再给你一个条件：他们三个人的年龄都比我们的朋友小李要小。"

　　小张听后说："那我知道了。"

　　请问：小李的年龄是多少?

横向扩展训练营

204．猜扑克牌

　　P 先生、Q 先生都具有足够的推理能力。这天,他们正在接受推理考试。"逻辑教授"在桌子上放了如下 16 张扑克牌。

　　红桃：A、Q、4

　　黑桃：J、8、3、2、7、4

　　草花：K、Q、5、4、6

　　方块：A、5

教授从这 16 张牌中挑出一张牌，并把这张牌的点数告诉 P 先生，把这张牌的花色告诉 Q 先生，然后教授问 P 先生和 Q 先生："你们能从已知的点数或花色中推出这是张什么牌吗？"

P 先生："我不知道这张牌。"

Q 先生："我知道你不知道这张牌。"

P 先生："现在我知道这张牌了。"

Q 先生："我也知道了。"

请问：这张牌是什么？

205．猜字母

甲先生对乙先生说自己会读心术，乙不相信，于是两人开始实验。

甲先生说："那我们来猜字母吧。你从 26 个英文字母中随便想一个，记在心里。"

乙先生："嗯，想好了。"

甲先生："现在我要问你几个问题，你如实回答就可以。"

乙先生："好的，请问吧。"

甲先生："你想的那个字母在 carthorse 这个词中有吗？"

乙先生："有的。"

甲先生："在 senatorial 这个词中有吗？"

乙先生："没有。"

甲先生："在 indeterminables 这个词中有吗？"

乙先生："有的。"

甲先生："在 realisation 这个词中有吗？"

乙先生："有的。"

甲先生："在 orchestra 这个词中有吗？"

乙先生："没有。"

甲先生："在 disestablishmentarianism 这个词中有吗？"

乙先生："有的。"

甲先生："我知道了，你的回答有些是谎话，不过没关系。但你得告诉我，你上面的 6 个回答中，有几个是真实的？"

乙先生："3 个。"

甲先生："我已经知道你心中想的字母是什么了。"

说完甲说出一个字母，正是乙心里想的那个。

请问：乙先生心中所想的字母是什么？甲先生是如何猜出来的呢？

206．老师的生日

小明和小强都是张老师的学生，张老师的生日是 M 月 N 日，两人都不知道他的生日具体日期。张老师的生日是下列 10 组日期中的一天，他把 M 值告诉了小明，把 N 值告诉了小强。张老师问他们是否知道他的生日是哪一天。

小明说："如果我不知道，小强肯定也不知道。"

小强说："本来我也不知道，但是现在我知道了。"

小明说："哦，那我也知道了。"

请根据以上对话推断张老师的生日是下面日期中的哪一天：

3月4日，3月5日，3月8日

6月4日，6月7日

9月1日，9月5日

12月1日，12月2日，12月8日

207．找零件

张师傅带了两个徒弟：小王和小李。一天，张师傅想看一看他们两人谁更聪明一点，于是，他将两个徒弟带进仓库，里面有以下11种规格的零件。

8：10

8：20

10：25

10：30

10：35

12：30

14：40

16：30

16：40

16：45

18：40

这里需要说明的是，"："前的数字表示零件的长度，"："后的数字表示零件的直径，单位都是毫米。

他把徒弟小王、小李叫到跟前，告诉他们说："我将把我所需要的零件的长度和直径分别告诉你们，看你们谁能最先挑出我要的那个零件。"于是，他悄悄地把这个零件的长度告诉了徒弟小王，把直径告诉了徒弟小李。

徒弟小王和徒弟小李都沉默了一阵。

徒弟小王说："我不知道是哪个零件。"

徒弟小李也说："我也不知道是哪个零件。"

随即徒弟小王说："现在我知道了。"

徒弟小李也说："那我也知道了。"

然后，他们同时走向一个零件。张师傅看后，高兴地笑了，原来该零件正是自己需要的那一个。

请问：你知道张师傅要的零件是哪一个吗？

208．猜颜色

有 5 个外表一样的药瓶，里边分别装有红、黄、蓝、绿、黑 5 色的药丸，现在由甲、乙、丙、丁、戊 5 个人来猜药丸的颜色。

甲说："第二瓶是蓝色，第三瓶是黑色。"

乙说："第二瓶是绿色，第四瓶是红色。"

丙说："第一瓶是红色，第五瓶是黄色。"

丁说："第三瓶是绿色，第四瓶是黄色。"

戊说："第二瓶是黑色，第五瓶是蓝色。"

事实上，5 个人都只猜对了一瓶，并且每人猜对的颜色都不同。

请问：每瓶分别装了什么颜色的药丸？

209．手心的名字

春游的时候，老师带着 4 名学生 A、B、C、D 一起做猜名字的游戏。游戏很简单。

首先，老师在自己的手上用圆珠笔写了 4 个人中的一个人的名字。

其次，他握紧手，在此过程中，不让 4 名学生中的任何一个人看到。

最后，老师对他们 4 个人说："我在手上写了你们 4 个人其中一个人的名字，猜猜我写了谁的名字？"

A 回答："是 C 的名字。"

B 回答："不是我的名字。"

C 回答："不是我的名字。"

D 回答："是 A 的名字。"

4 名学生猜完之后，老师说："你们 4 个人中只有一个人猜对了，其他 3 个人都猜错了。"

4 个人听了以后，都很快猜出老师手中写的是谁的名字。

你知道老师手中写的是谁的名字吗？

210．猜出你拿走的数字

首先把 2012 年 12 月 21 日的年、月、日列在一起组成一个 8 位数 20 121 221，然后把你自己的生日也按照这个格式组成一个 8 位数，假设是 1970 年 7 月 7 日出生，这个数字就是 19 700 707。接下来，用 20 121 221 减去你的生日得到一个新数，20121221−19700707=420514。不妨把这个新数字称为玛雅数字。

接下来，我们把玛雅数字倒着写一遍，420 514 反过来就是 415 024。之后把正着写的玛雅数字和倒着写的玛雅数字相减，大的减小的，得到 420514−415024=5490。

此时你可以从这个结果中的数字里挑选一个你喜欢的数字（0 除外）把它拿走，比如 4，然后把剩下的数字相加之和告诉我（5+9+0=14）。

整个过程中我都不知道你的生日是哪天，也不知道你的玛雅数字是什么。但只是因为

2012 年 12 月 21 日是不寻常的一天，20 121 221 是一个不寻常的数字，所以当你报出剩下的数字之和时，全世界当然也包括我都知道你把哪个数字拿走了。

不论观众有多少位，只要按照以上的步骤来演示，并且诚心，都可以依靠 2012 的魔力，且在玛雅人的暗示下，逐一判断出你拿走的数字是多少。你知道这是如何办到的吗？

211．母子的年龄

一天，华华和妈妈一起在街上走，遇见了妈妈的同事。妈妈的同事问华华今年几岁，华华说，妈妈比我大 26 岁，4 年后妈妈的年龄是我的 3 倍。你能猜出华华和妈妈今年各是多少岁吗？

212．教授有几个孩子

一天，一位数学教授去同事家做客。他们坐在窗前聊天，从庭院中传来一大群孩子的嬉笑声。

客人就问："您有几个孩子？"

主人："那些孩子不全是我的，那是 4 家人家的孩子。我的孩子最多，弟弟的其次，妹妹的再次，叔叔的孩子最少。他们吵闹成一团，因为他们不能按每队 9 人凑成两队。可也真巧，如果把我们这 4 家孩子的数目相乘，其积数正好是我们房子的门牌号，这个号码你是知道的。"

客人："让我来试试把每一家孩子的数目算出来。不过要解这个问题，已知数据还不够。请告诉我，你叔叔的孩子是一个呢，还是不止一个？"

于是主人回答了这个问题。客人听后，很快就准确地计算出了每家孩子的数目。你在不知道主人家门牌号码和他叔叔家是否只有一个孩子的情况下，能否算出这道题呢？

213．3 个班级

小明的学校举行了一场运动会。在其中的一个比赛项目中，包括小明一共有 12 个学生参加。他们来自 A、B、C 3 个不同的班级，每 4 个学生同属一个班级。有意思的是，这 12 个学生的年龄各不相同，但都不超过 13 岁。换句话说，在 1 ~ 13 的数字中，除了某个数字，其余的数字都恰好是某个学生的年龄，而且小明的年龄最大。如果把每个班级的学生的年龄加起来，可以得到以下的结果。

班级 A：年龄总数为 41，包括一个 12 岁的学生。

班级 B：年龄总数为 22，包括一个 5 岁的学生。

班级 C：年龄总数为 21，包括一个 4 岁的学生。

另外，班级 A 中有 2 个学生只相差 1 岁。

请问：小明属于哪个班级？每个班级中的学生各是多大？

斜向扩展训练营

214. 神奇数表

有如图 8-1 所示的 5 张表,你在心里想一个数,这个数不能超过 31。请指出你想的这个数都在哪个表中有,那么我就会知道你想的数是多少。

请问：这个表是怎么制作出来的呢?

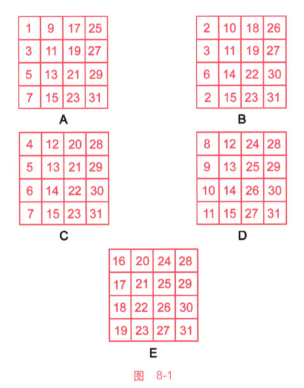

图 8-1

215. 猜单双数

周末的晚上,爸爸陪小明玩猜单双数的游戏。爸爸先交给小明 5 根火柴,让他藏在背后,分成两只手拿着。接着爸爸要求小明把左手的火柴数乘以 2,右手的火柴数乘以 3,然后把两个积相加,小明算出结果为 14。爸爸马上猜出小明左手拿的火柴数是单数,右手拿的火柴数是双数。

你知道爸爸是怎么猜出来的吗?

216. 5 个人的年龄

甲、乙两位数学老师同路回家,路上遇到甲老师的 3 位邻居,甲老师对乙老师说："这三位邻居年龄的乘积是 2450,他们的年龄之和是你的 2 倍,请你猜猜他们的年龄。"乙老师思考了一阵说："不对,还差一个条件。"甲老师也思考了一阵："对,的确还差一个条件,这个条件就是他们的年龄都比我小。"

请问：这 5 个人的年龄分别是多少?

217. 猜数字（2）

放学后，小明回到家中，和爸爸玩起了一个很好玩的猜数字游戏。爸爸从 1 ~ 1024 中任意选择一个整数，记在心中，然后如实回答小明提出的 10 个问题，小明总能猜出爸爸想的数字是什么。你知道这 10 个问题是如何设计出来的吗？

218. 奇妙的数列

图 8-2 中的这个数列很奇妙，需要注意的是最后一个圆圈里确实是 7 而不是 8。你能找出它的规律吗？请在问号处填上相应的数字。

图　8-2

219. 猜生日

在 1993 年的某一天，小张过完了他的生日，并且他此时的年龄正好是他出生年份的 4 个数之和。你能推算出小张是哪一年出生的吗？

220. 有趣的组合

幼儿园有 10 个小朋友，老师让他们每人从 0 ~ 9 中拿一个数字。拿完之后，小朋友分成了两组：一边有 4 个人，另一边有 6 个人。老师看了之后，兴奋地说："太巧了。4 个小朋友可以组成一个 4 位数，正好是某个 2 位数的 3 次方；而另外 6 个小朋友组成的 6 位数，是这个数的 4 次方。"你能猜出这个 2 位数是多少吗？

221. 聪明程度

1987 年的某一天，伦敦《金融时报》刊登了一个很怪异的竞赛广告，这个广告要求参与者寄回一个 0 ~ 100 的整数，获胜条件是你选择的这个数最接近全体参与者寄回的所有数的平均值的 2/3。获胜者将获得 2 张伦敦到纽约的飞机头等舱的往返机票。

如果你是这个竞赛的参与者，你会选哪个数呢？

答　案

196. 猜帽子上的数字

策略存在。100 个人从 0 ~ 99 编号，每个人把看到的其他 99 个人帽子上的数字加起来，取和的末两位数字，再用自己的编号减去这个数字，就是他要说的数字（如果差是负数，就加上 100)。

证明：假设所有人帽子上数字的和的末两位是 S，编号 n 的人帽子上数字是 Xn，他看到的其他人帽子上数字和的末两位是 Yn，则有 $Xn=S-Yn$（如果差是负数，就加上 100）。每个人说的数字是 $Zn=n-Yn$（如果差是负数，就加上 100），因为 S 是在 $0 \sim 99$ 范围内的一个不变的数字，所以编号 $n=S$ 的那个人说的数字 $ZS=S-YS=XS$，即他说的数字等于他帽子上的数字。

197．各是什么数字

每个人都知道自己的数或者为另外两人之和，或者为两人之差。

第一轮 A 回答不知道，可以得出什么结论呢？

可以用逆向思维，考虑什么情况下 A 可以知道自己头上的数，只有一种可能，那就是 B=C。因为此时 B−C=0，这时 A 知道自己头上的数一定是 B+C。

所以从 A 回答不知道可以推论出 B ≠ C。

B 回答不知道，说明什么呢？

还是用逆向思维，考虑什么情况下 B 可以知道自己头上的数。和 A 一样，当 A=C 时，B 可以知道。

但除此之外，B 从 A 回答不知道还可以推论出自己头上的数字与 C 头上的数字不相等，于是当 A=2C 时，B 也可以推论出自己头上的数字为 A+C，因为此时 A−C=C，而 B 是知道自己头上的数字与 C 不相等的。

所以从 B 回答不知道可以推论出 A ≠ C，A ≠ 2C。

C 回答不知道，由上面类似的分析可以推论出 A ≠ B，B ≠ 2A。

此外还可以推出 B−A ≠ A/2，即 B ≠ 3A/2 和 A ≠ 2B。

最后 A 回答自己头上的数字是 20。

那么什么情况下 A 可以知道自己头上的数字呢？有以下几种情况。

(1) C=2B。此时 A 知道自己头上的数字不可能是 C−B=B，而只能是 C+B=3B，但 20 不能被 3 整除，所以排除了这种情况。

(2) B=2C 与上面类似，被排除。

(3) C=3B/2。此时 A 知道自己头上的数字不可能是 C−B=B/2，因而只能是 A=B+C=5B/2=20，B=8，而 C=3B/2=12。

(4) C=5B/3。此时 A 知道自己头上的数字不可能是 C−B=2B/3，只可能是 8B/3，但求出 B 不是整数，所以排除。

(5) C=3B。此时 A 知道自己头上的数字不可能是 C−B=2B，只可能是 4B，推出 B=5，C=15。

(6) B=3C。此时 A 知道自己头上的数字不可能是 B−C=2C，只可能是 B+C=4C，推出 B=15，C=5。

所以答案有 3 个：B=8，C=12；B=5，C=15；B=15，C=5。

198．纸条上的数字

两人手中纸条上的数字都是 4。两个自然数的积为 8 或 16 时，这两个自然数只能为 1、

2、4、8、16,因此可能的组合为：1×8、1×16、2×4、2×8、4×4。

当皮皮第一次说推导不出来时,说明皮皮手中的数字不是16,因为如果是16,他马上可知琪琪手中的数字是1,只有16×1才能满足条件；他猜不出来,说明他手中不是16,他手中的数可能为1、2、4、8。同理,当琪琪第一次说推导不出时,说明她手中的数不是16,也不是1,因为如果是1,她马上可知皮皮手中的数为8,既然前面已排除了16,只有8×1=8能符合条件,她手中的数可能为2、4、8。

皮皮第二次说推算不出,说明他手中的数不是1或8,因为如果是1,他能推算出琪琪手中的数是8。同理如果是8,皮皮能推算出琪琪手中的数是2,这样皮皮手中的数只能为2或4。琪琪第二次说推算不出时,说明琪琪手中的数只可能为4,只有为4时才不能确定皮皮手中的数,因为如果是2,她可推算出皮皮的数只能为4,只有2×4=8符合条件；如果是8,皮皮手中的数只能为2,因为只有8×2=16符合条件。

因此第三轮时,皮皮能推导出琪琪手中纸条上的数字是4。

199. 纸片游戏

第一次,S说不知道,说明P肯定不是1；P也说不知道,说明S不是2。为什么？因为如果P是1,S马上就知道自己是2了。他说不知道,P就知道自己肯定不是1,如果这个时候S是2,P就能肯定自己应该是3了,所以S不是2。

第二次,S说不知道,说明P不是3,因为前一次S说不知道,P知道自己肯定不是2,如果S是3,P马上就知道自己是4了,所以S不是3；而P又说不知道,说明S不是4,因为S从P又说不知道可得知自己不是3,如果S是4,P马上就能知道自己应该是5,所以S也不是4。

第三次,S又说不知道,说明P不是5,因为第二次最后P说不知道,S就知道自己不是4了,因为如果P是5,S马上知道自己是6。同样,S不是6,因为P从S说不知道,得知自己不是5,因为如果S是6,P就马上知道自己应该是7了,所以P还是不知道。最后,S说他知道了,因为他从P不知道中得知自己不是6,而他看到P头上的号码是7,他就知道自己是8了。而P听到S说知道了,就判断出S是8,所以P马上知道自己是7。

200. 猜数字（1）

甲说道："我知道乙和丙的数字是不相等的！"所以甲的数字是单数,只有这样才能确定乙、丙的数字和是个单数,肯定不相等。

乙说道："我早就知道我们三个的数字都不相等了！"说明第二个人是大于6的单数,因为只有他的数字是大于6的单数,才能确定甲的单数和他的不相等,而且一定比自己的小,否则和会超过14。

这样,第三个人的数字就只能是双数。

而第三个人说他知道每个人手上的数字,那他根据自己手上的数字知道前两个人的数字和,又知道其中一个是大于6的单数,且另一个也是单数,可知这个和是唯一的,那就是7+1=8。如果前两人之和大于8,比如是10,就有两种情况9+1和7+3,这样第三个人就不可能知道前两个人手中的数字。

这样就知道 3 个人手上的数字分别是 1、7、6。

201. 苏州街

很明显,想从陈一婧回答龚宇华提的前三个问题去寻找答案是毫无用处的。起始点应该是龚宇华说的"如果我知道第二位数是否是 1,我就能讲出你那所房子的号码"那句话。

分析一下龚宇华是怎么想的,会对题目的解答很有用,尽管他的数字和结论是错误的。龚宇华的想法是他认为他已将可供挑选的号码数减少到了 2 个,其中一个号码的第二位数是 1。

如果龚宇华认为这个号码是平方数而不是立方数,那么供挑选的号码就太多了(4 ~ 22 各数的平方数都为 13 ~ 500;而 23 ~ 36 各数的平方数都为 500 ~ 1300)。看来他一定认为这是个立方数。

有关的立方数是 27、64、125、216、343、512、729、1000(它们分别是 3、4、5、6、7、8、9、10 的立方),其中 64 和 729 也是平方数(分别为 8 和 27 的平方)。

如果龚宇华认为这个号码是小于 500 的平方数和立方数,那么他便没有其他可选择的号码——只有 64。如果他认为这个号码是 500 以上的平方数和立方数,那一定是 729。如果他认为这个号码不是平方数而是 500 以下的立方数,那么就有四种可能性(27、125、216、343);但如果他认为这个号码不是平方数而是 500 以上的立方数,那么只有两种可能性:512 和 1000。前一个号码的第二位数是 1,这个号码就是龚宇华所想到的。

但从某些方面来看他想得并不对。他认为这个号码不在 500 以内,而陈一婧在答复这一点时骗了他,所以它是在 500 以内。龚宇华认为这个号码不是平方数,关于这一点,陈一婧又没有向他讲真话,所以它是平方数。龚宇华认为这是个立方数,关于这一点陈一婧向他讲了真话,所以它是立方数。陈一婧的门牌号是个 500 以下的平方数,也是立方数(不是小于 13),所以它只能是 64。

202. 贴纸条猜数字

答案是 36 和 108。

首先说出此数的人应该是两数之和的人,因为另外两个加数的人所获得的信息应该是均等的,在同等条件下,若一个推算不出,另一个也应该推算不出(当然,这里只是说这种可能性比较大,因为毕竟还有一个回答的先后次序,在一定程度上存在信息不平衡的情况)。

另外,只有在第三个人看到另外两个人的数一样时,才可以立刻说出自己的数。

以上两点是根据题意可以推导出的已知条件。

如果只问了一轮,第三个人就说出 144,那么根据推理,可以很容易得出另外两个是 48 和 96。怎样才能让老师问了两轮就得出答案呢?这就需要进一步考虑以下情况。

A:36(36/152);B:108(108/180);C:144(144/72)。

括号内是该同学看到另外两个数后,猜测自己头上可能出现的数。现推理如下。

A、B 先说不知道,理所当然。C 在说不知道的情况下,可以假设如果自己是 72,B 在已知 36 和 72 的条件下,会这样推理:"我的数应该是 36 或 108,但如果是 36,C 应该可以立刻说出自己的数。而 C 并没说,所以应该是 108 !"然而在下一轮, B 还是不知道,所以 C 可以判断出自己的假设是错的,因此自己的数只能是 144。

203．猜年龄

$$2450=2 \times 5 \times 5 \times 7 \times 7$$

可能的情况是:

$$7 \times 5 \times 2, \ 7, \ 5$$
$$7 \times 7 \times 2, \ 5, \ 5$$
$$5 \times 5 \times 2, \ 7, \ 7$$
$$7 \times 2, \ 7 \times 5, \ 5$$
$$7 \times 2, \ 5 \times 5, \ 7$$
$$5 \times 2, \ 7 \times 5, \ 7$$
$$2 \times 5, \ 7 \times 7, \ 5$$

其中和相等的两组是:7,7,$2 \times 5 \times 5=50$;5,$2 \times 5=10$,$7 \times 7=49$。

这两组数的和都为 64,这是小张说不知道的时候可以推导出来的。

小王说:"他们三个人的年龄都比我们的朋友小李要小。"

小张听后说:"那我知道了。"由此可以推出小李的年龄应该是 50 岁。

204．猜扑克牌

这张牌是方块 5。

Q 先生的推导过程是:P 先生知道这张牌的点数,而判断不出这是张什么牌,显然这张牌的点数不可能是 J、8、2、7、3、K、6,因为 J、8、2、7、3、K、6 这 7 种点数的牌在 16 张扑克牌中都只有一张。如果这张牌的点数是以上 7 种点数中的一种,那么,具有足够推理能力的 P 先生立即就可以断定这是张什么牌。例如,如果教授告诉 P 先生:"这张牌的点数是 J。"那么,P 先生马上就知道这张牌是黑桃 J 了。由此可知,这张牌的点数只能是 4、5、A、Q 之一。

接下来,P 先生分析了 Q 先生所说的"我知道你不知道这张牌"这句话。

Q 先生知道这张牌的花色,同时又做出"我知道你不知道这张牌"的断定,显然这张牌不可能是黑桃和草花,为什么?因为如果这张牌是黑桃或草花,Q 先生就不会做出"我知道你不知道这张牌"的断定。

P 先生是这样分析的:如果这张牌是黑桃,而且如果这张牌的点数是 J、8、2、7、3,P 先生是能够知道这张是什么牌的;假设这张牌是草花,同理,Q 先生也不能做出这样的断定,因为假如点数为 K、6 时,P 先生能马上知道这张牌是什么牌,在这种情况下,Q 先生当然也不能做出"我知道你不知道这张牌"的断定。因此,P 先生从这里可以推出这张牌的花色或者是红桃,或者是方块。

而具有足够推理能力的 P 先生听到 Q 先生的这句话,当然也能够和 Q 先生得出同样的结论。也就是说,Q 先生的"我知道你不知道这张牌"这一断定,在客观上已经把这张牌的花色暗示给 P 先生。

得到 Q 先生的暗示，P 先生做出"现在我知道这张牌了"的结论。从这个结论中，具有足够推理能力的 Q 先生必然能推出这张牌肯定不是 A。为什么？ Q 先生这样想：如果是 A，仅仅知道点数和花色范围（红桃、方块）的 P 先生还不能做出"现在我知道这张牌了"的结论，因为它可能是红桃 A，也可能是方块 A。既然 P 先生说"现在我知道这张牌了"，可见，这张牌不可能是 A。排除 A 之后，这张牌只有 3 种可能：红桃 Q、红桃 4、方块 5，这样一来范围就很小了。P 先生这一断定，当然把这些信息暗示给了 Q 先生。

得到 P 先生第二次提供的暗示之后，Q 先生做出了"我也知道了"的结论。从 Q 先生的结论中，P 先生推知，这张牌一定是方块 5。为什么？ P 先生可以用一个非常简单的反证法论证。因为如果不是方块 5，Q 先生是不可能做出"我也知道了"的结论的（因为红桃有两张，仅仅知道花色的 Q 先生，不能确定是红桃 Q 还是红桃 4）。现在 Q 先生做出了"我也知道了"的结论，这张牌当然就是方块 5。

205．猜字母

仔细看一看甲先生所问的 6 个词，可以发现，carthorse 与 orchestra 所含的字母完全相同，只是字母的位置不同而已。乙先生心中所想的字母在这两个词中，若有则全都有，若无则全都无，可是乙先生的回答是：一个说有，一个说无，显然其中有一句是假话。

同理，senatorial 与 realisation 所含字母也相同，而乙先生的回答也是一有、一无。可见其中又有一句是假话，这些便是甲先生确定乙先生的回答中有假话的依据。

从上面的分析可见，乙先生的四句回答中已知有两句是真话，两句是假话。根据题意，乙先生共答了三句真话和三句假话，所以乙先生的另外两句回答必定是一真一假。

剩下的 indeterminable 与 disestablishmentarianism 这两个词，尽管后者的字母比前者多了很多，但这两个词中，除了后者比前者多了一个字母 H，其余的字母都是相同的或重复的。而乙先生说他心中所想的字母在这两个词中都有，如果前一句是真话，即前一个词中确有那个字母，那么，后一个词中无疑也应该有的，这样两句话都成了真话，与题意不符。

所以，乙先生的前面一句应是假话，后面一句是真话，即前一个词中是不存在乙先生心中所想的那个字母的，后一个词中则有这个字母。由此可见，它必定是后一个词中所独有的字母 H。

206．老师的生日

由 10 组数据 3 月 4 日、3 月 5 日、3 月 8 日、6 月 4 日、6 月 7 日、9 月 1 日、9 月 5 日、12 月 1 日、12 月 2 日、12 月 8 日可知——4 日、8 日、5 日、1 日分别有两组，2 日和 7 日只有一组。如果生日是 6 月 7 日或 12 月 2 日，小强一定知道。例如：老师告诉小强 $N = 7$，则小强就知道生日一定为 6 月 7 日；如果老师告诉小强 $N = 4$，则生日是 3 月 4 日还是 6 月 4 日，小强就无法确定了。所以首先排除了 6 月 7 日和 12 月 2 日。

（1）小明说："如果我不知道，小强肯定也不知道。"老师告诉小明的是月份 M 值，若 $M = 6$ 或 12，则小强有可能知道（6 月 7 日或 12 月 2 日），这与"小强肯定也不知道"相矛盾，所以不可能为 6 月和 12 月，因此老师的生日只可能是 3 月 4 日、3 月 5 日、3 月 8 日、9 月 1 日、9 月 5 日。

（2）小强说："本来我也不知道，但是现在我知道了。"若老师告诉小强 $N = 5$，那么小强无法知道是 3 月 5 日还是 9 月 5 日，这与"现在我知道了"相矛盾，所以 N 不等于 5，则生日只能为 3 月 4 日、3 月 8 日、9 月 1 日。

（3）小明说："哦，那我也知道了。"若老师告诉小明 $M = 3$，则小明就不知道是 3 月 4 日还是 3 月 8 日，这与"那我也知道了"相矛盾，所以 M 不等于 3，即生日不是 3 月 4 日、3 月 8 日。

综上所述，老师的生日只能是 9 月 1 日。

207. 找零件

对于徒弟小王来说，在什么条件下才会说"我不知道是哪个零件"？显然，这个零件不可能是 12：30、14：40、18：40，因为这三种长度的零件都只有一个，如果长度是 12、14、18，那么知道长度的徒弟小王就会立刻说自己知道。

同样的道理，对于徒弟小李来说，在什么条件下才会说"我也不知道是哪个零件"？显然，这个零件不可能是 8：10、8：20、10：25、10：35、16：45，因为这 5 种直径的零件也是各有一个。

这样，我们可以从 11 个零件中排除 8 个，剩下以下三种可能性：10：30、16：30、16：40。

下面可以根据徒弟小王所说的"现在我知道了"这句话来推理。如果这个零件是 16：30 或 16：40，那么仅仅知道长度的徒弟小王是不能断定是哪个零件的，然而徒弟小王却知道了是哪个，所以这个零件一定是 10：30。

208. 猜颜色

因为 5 个人都猜对了一瓶，并且每人猜对的颜色都不同，所以猜对第一瓶的只有丙，也就是说第一瓶是红色；那么第五瓶就不是黄色的，所以第五瓶只能是蓝色，戊说的第二瓶是黑色的也就不对了。既然第二瓶不是黑色的，那就应该如第一个人所说，第三瓶是黑色的，所以第二瓶就不能是蓝色的，只有第二瓶是绿色的了。

所以，第一瓶是红色，第二瓶是绿色，第三瓶是黑色，第四瓶是黄色，第五瓶是蓝色。

209. 手心的名字

答案是 B 的名字。

很明显，因为 A 说是 C 的名字，C 说不是他的名字。这两个判断是矛盾的，所以 A 与 C 两个人之中必定有一个人是正确的，一个人是错误的。

因为如果 A 正确，那么 B 也是正确的，与老师说的只有一人猜对了相矛盾，所以 A 必是错误的。这样，只有 C 是正确的，不是 C 的名字。

因为老师说只有一人猜对了，那么说明其他三个判断都是错误的。

我们来看 B 的判断，B 说："不是我的名字。"而 B 的判断又是错的，那么他的相反判断就是正确的，即是 B 的名字。

所以老师手上写的是 B 的名字。

210．猜出你拿走的数字

简单地说,结论就是：任意一个多位数,正着写和倒着写的差值结果中各个数位数字相加一定是 9 的倍数。

根据这个结论就可以确定拿走的数字是什么了。

当你拿走一个数字,报出其余数字之和时（仍然以前面说过的 16 举例）,我会这样想：9 的所有倍数中大于 16 的而又最接近 16 的是多少？当然是 18……那拿走的数字就一定是 18−16=2。

211．母子的年龄

妈妈比华华大 26 岁,即两人的年龄差为 26 岁,设华华的年龄为 x,则妈妈的年龄是 26+x。4 年后,妈妈的年龄是华华的 3 倍,即

$$3(x+4)=26+x+4$$
$$x=9$$

所以,华华今年 9 岁,妈妈为 9+26=35（岁）。

212．教授有几个孩子

首先,凑不够 2 个 9 人队,孩子总数最多为 17 人。若为 17 人以上,则可以凑成 2 个 9 人队或凑够 2 个 9 人队之后还有剩余,因此可以确定的是叔叔家的孩子最多有 2 个。若有 3 个或者 3 个以上,则其他三家至少分别有 6、5、4 个,总数大于 17 人。

叔叔家的孩子有 2 个的情况如表 8-1 所示。

表　8-1

主人	弟弟	妹妹	叔叔	对应门牌号
5	4	3	2	120
6	4	3	2	144
7	4	3	2	168
8	4	3	2	192
6	5	3	2	180
7	5	3	2	210
6	5	4	2	240

叔叔家孩子为 1 个的情况时,另外 3 个数相加小于等于 16(17−1),且 3 个数各不相同,并且 3 个数中最小数大于等于 2,可以列出这 3 个数相乘的积最大为 4×5×7=140,其次为 3×5×8=4×5×6=120,再次为 3×4×9=108,此时已比上面所列最小积还要小。若答案在小于 108 的范围内,则不需要知道叔叔家的孩子是 1 人还是 2 人了。

所以,在知道 4 个数积及最小数是 1 还是 2 的情况下,如果还不能得出结论,只有门牌号为 120 时才有可能。

因此,确定门牌号为 120 了,当知道叔叔家孩子个数时就能确定 4 个数的情况,只有如下一种情况：主人有 5 个孩子,弟弟有 4 个孩子,妹妹有 3 个孩子,叔叔有 2 个孩子。

213. 3个班级

首先,确定哪个数字不表示学生的年龄。1～13的数字之和是91,而3个班级所有学生的年龄之和是84,因此,不表示学生年龄的数字是7。

班级A的4个学生的年龄只能是以下两种情况之一：12、6、10、13或者12、8、10、11(12必须包括在其中)。

班级C的4个学生的年龄只能是以下4种情况之一：4、1、3、13，4、1、6、10，4、2、6、9或者4、3、6、8(4必须包括其中)。

这样,班级A学生的年龄不可能是12、6、10、13。否则,班级C学生年龄的4种可能情况没有一种能够成立。因此,班级A学生的年龄必定是12、8、10、11。

这样,班级C学生的年龄只能是4、1、3、13或者4、2、6、9。

如果班级C学生的年龄为4、1、3、13,那么,班级B学生的年龄为2、5、6、7,其和与已知条件不符,所以,班级C学生的年龄必定是4、2、6、9,而班级B学生的年龄必定是5、1、3、13,因此小明是班级B的学生。

214. 神奇数表

这是因为表是把1～31的数变成以2^n表示的数,例如, $11=2^0+2^1+2^3=1+2+8$。将一个数由十进制改成二进制,对含有2^0(=1)的项放在A表,含有2^1(=2)的项放在B表；同理,含有2^2(=4)的项放在C表,含有2^3(=8)的项放在D表,含有2^4(=16)的项放在E表中,这样就造出此表。也就是说A表代表1,B表代表2,C表代表4,D表代表8,E表代表16。

如果你想的数在A、C、E中都有,只要把A、C、E代表的数字1、4、16相加即可,也就是21。

215. 猜单双数

因为爸爸一共交给小明5根火柴,分两只手拿,那么一定一只手是单数,一只手是双数,而左手火柴数乘以2,右手火柴数乘以3。两个奇数相乘的结果还是奇数,任何数和偶数相乘都是偶数。左手火柴数乘以2后一定是偶数。而右手火柴数乘以3后,如果是奇数,那么最后的结果应该是：偶数+奇数＝奇数；如果是偶数,那么最后的结果应该是：偶数+偶数＝偶数。

所以根据最后的结果的奇偶就可以断定小明右手中拿着的火柴的奇偶了。

216. 5个人的年龄

这3位邻居年龄的乘积是2450,即

$$x \times y \times z = 2450$$

因为$2450=2 \times 5 \times 5 \times 7 \times 7$,所以3位邻居的年龄可以得出以下7组数。

$$10+35+7=52$$
$$10+5+49=64$$
$$2+25+49=76$$

$$14+35+5=54$$
$$14+25+7=46$$
$$2+35+35=72$$
$$50+7+7=64$$

这中间只有 10、5、49 和 50、7、7 这两组得数一样,这样才符合第二位老师所说的还差一个条件,否则一下即可知道答案。

所以第二位老师的年龄为 64/2=32(岁)。

如果第一位老师的年龄大于 50 岁,那他补充了条件也猜不出邻居的年龄数,所以他应该正好是 50 岁。

所以甲为 50 岁,乙为 32 岁,3 个邻居的年龄分别为 10 岁、5 岁、49 岁。

217.猜数字(2)

第一个问题是:你想的这个数字是大于 512 吗?

根据对方的回答,每次排除掉一半数字,不超过 10 次,一定可以确定到底是哪个数字。

218.奇妙的数列

规律其实很简单,就是将前面两个数字的各位数字拆开并加起来。例如,最左面的两个数字分别是 99 和 72,就把它们都拆开,变成 9、9、7、2,然后相加,等于 9+9+7+2=27,即为下面圆圈中的数字。后面的所有数字都是这个规律,你猜出来了吗?

219.猜生日

小张是 1973 年出生的。

提示:先估计大约年份为 1970 年,再根据数字和年份差相等的特征推算出结果。

220.有趣的组合

答案是 18。大家可以自己计算一下。

221.聪明程度

这个游戏的独特之处在于必须考虑其他参与者是怎么想的。

首先,你可能假定人们都是随机地选择一个数字寄回,这样平均值应该是 50,那么最佳答案应该是 50 的 2/3,也就是 33。

但你应该想到,别人也会像你一样,想到 33 这个答案。如果每个人都选择了 33,那么实际的平均值应该是 33 而不是 50,这样最佳答案应该修改成 33 的 2/3,也就是 22。

那么别人会不会也想到这一层?如果大家都写 22 呢?那么最佳答案就应该是 15。

可是如果大家都想到了是 15 呢?

……

这样一步步地分析下去,如果所有人都是绝对聪明而理性的,那么所有人都会做类似的分析,最后最佳答案必然越来越小,以至于变成 0。鉴于 0 的 2/3 还是 0,所以 0 必然是最终的正确答案。

但问题是,如果有些人没有这么聪明呢? 如果有些人就是随便写了个数呢?

刊登广告的其实是芝加哥大学的理查德·泰勒,他收到的答案中的确有些人选择了0,但平均值是18.9,获胜者选择的数字是13。这个实验就是要说明,很多人不是那么聪明,也不是那么理性的。

第九章　分割问题

分割问题就是我们常见的一些别具特色的几何作图问题,通过图形的分割与拼合,满足题目的不同要求。这类问题趣味性强,想象空间广阔,而且一般都很巧妙,不需要很复杂的计算,但是却需要我们具有牢固的几何知识,有较强的分析问题、探索问题的能力。经常练习,对提高我们的思维能力是大有裨益的。

下面列举一个分割问题的经典题目。

请把图9-1中的图形（任意三角形）分成面积相等的4等份。

答案如图9-2所示,连接三边的中点即可。

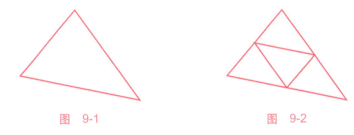

图　9-1　　　　　　　　　　　　图　9-2

对于这种分割问题,往往我们在看到问题的时候一头雾水,不好下手,而在看到答案时则恍然大悟。其实,过程比结果更重要,我们一定要学会思考和解决问题的方法。

对于平分图形的问题,一般我们有以下技巧。

如果是实物,可以利用重心原理,把物体吊起来,平衡时画出重心所在的一条垂直线,即可把物体质量平分。

如果是纸上的图形,一般有以下几种常用的方法。

（1）利用平行的等底同高的性质进行等积变换。

（2）利用全等图形进行等积变换。

（3）利用对称性进行图形变形。

（4）如果图形不规则,那么先要将其分割成规则图形再进行变形。

经常做这些练习,就是为了培养数学思维,数学思维包括数学观念、数学意识、数学头脑、数学素养,准确地说是指推理意识、抽象意识、整体意识和划归意识。而培养良好的逻辑思维和严谨的推理是学好几何的关键。

对一个问题认识得越深刻,解法就越简洁。所以我们在遇到类似的问题时,应尽可能地设计出最简单、最巧妙的优质分割方案,这样,图形的创造和图形的美就会在对几何分割问题的不断探究和认识的不断深化中产生。

纵向扩展训练营

222．平分图形

如图 9-3 所示，你能否将这个不规则图形分成两个相同的部分？你又能否将这个图形分成 4 个相同的部分？有两种等分为 4 份的方法，其中一种方法是不沿着方格线来分。

223．2 等份

如图 9-4 所示，你能将下面图形分成大小、外形完全相同的两个小图形吗？

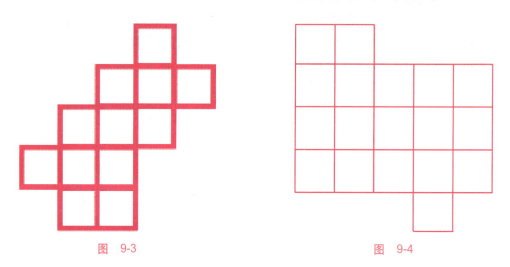

图 9-3　　　　　　　　　　图 9-4

224．连接的图形

有些图形由两个部分组成，这两个部分仅由一个点相连，这样的图形叫作连接图。如图 9-5 所示，你能否将这个多边形分割成两个相同的连接图？

225．3 等份

如图 9-6 所示，你能将以下 3 个图形分成大小、外形完全相同的 3 个小图形吗？

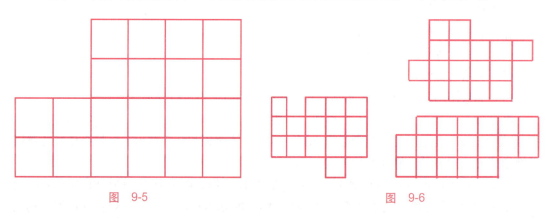

图 9-5　　　　　　　　　　图 9-6

226. 分图形

这是一道经典的几何分割问题。

请将图 9-7 中的图形分成 4 等份,并且每一等份都必须是现在图形的缩小版。

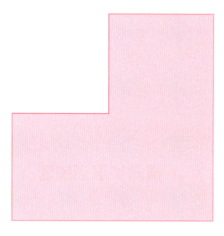

图 9-7

227. 四等分图形

如图 9-8 所示,雷雷必须将这个梯形分成 4 个相同的部分,你能说出该怎样做吗?

228. 4 个梯形

如图 9-9 所示,这是一个梯形,请把它分成 4 个完全一样的,与它形状相同、面积比它小的梯形,你知道怎么分吗?

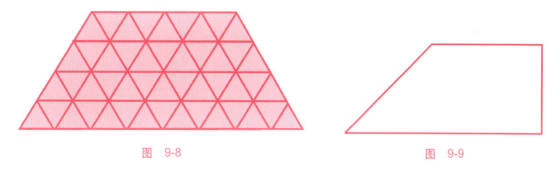

图 9-8　　　　　　　　　　　　图 9-9

229. 分成 2 份

如图 9-10 所示,把下面的图形平均分成两份,要求大小和形状都一样,而且分割线只能沿着给出的线,共有几种不同的分法? (对称、镜像、旋转算同一种)

230. 4 等份 (1)

如图 9-11 所示,这是一个长方形。现在要求把这个长方形分成 4 等份,请问有多少种不同的方法?

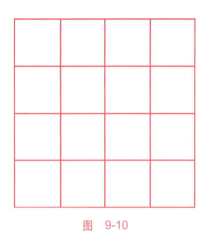

图 9-10

图 9-11

横向扩展训练营

231．如何切割拼出正方形

如图 9-12 所示，左边是 7×10 的长方形（中间的 6 格是空格），如何将剩余的 64 个格切割成两部分，使这两部分能拼出 8×8 的正方形呢？

232．丢失的正方形

如图 9-13 所示，把一张方格纸贴在纸板上，然后沿图中左边图形所示的直线切成 5 小块。当你照右图的样子把这些小块拼成正方形的时候，中间居然出现了一个洞。

我们数一下即可知道，左图的正方形是由 49 个小正方形组成的，而右图的正方形中却只有 48 个小正方形。哪一个小正方形没有了？它到哪里去了？

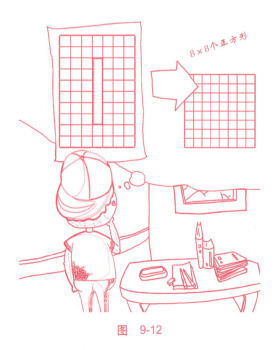

图 9-12

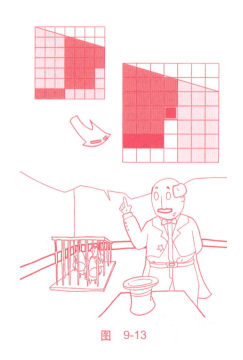

图 9-13

233．怎么多了一块

如图 9-14 上图所示的一块图形为 8×8 的方格。现在按照图中黑线分成 4 部分，然后按图中方式拼成如图 9-14 下图所示的一个长方形。

但是现在问题出现了，原来的 8×8=64（个）方格，现在变成 5×13=65（个）方格，为什么会多出一个方格呢？

234．长方形变正方形

如图 9-15 所示，这个长方形的长为 16 厘米，宽为 9 厘米，你能把它剪成大小相等、形状相同的两部分，然后拼成一个正方形吗？

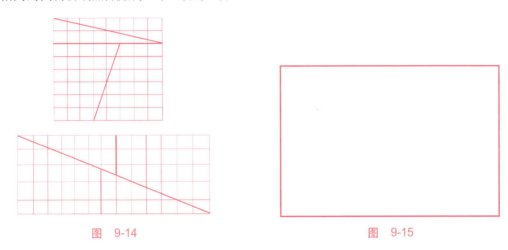

图　9-14　　　　　　　　　图　9-15

235．切割双孔桥

如图 9-16 所示，把图中的双孔桥切割两刀，然后拼成一个正方形，你知道怎么切割吗？

236．拼桌面

如图 9-17 所示，有一块木板，上面是一个等腰三角形，下面是一个正方形。你能在不浪费木料的情况下，把木板拼成一个正方形的桌面吗？

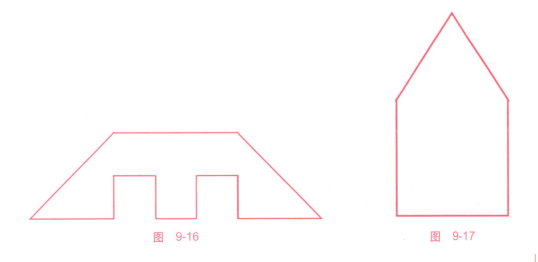

图　9-16　　　　　　　　　图　9-17

237. 裁剪地毯

小明家有一房间需要铺地毯,这房间是一个三边各不相等的三角形。但是当妈妈去买地毯的时候,不小心把地毯剪错了。如果把这块地毯翻过来正好可以铺在这块地上(图 9-18)。但是大家知道,地毯是有正面和反面的。没有办法了,只好把地毯剪开,重新组合成这块地的形状。请问:怎么裁剪这块地毯,才能使地毯正面朝上,并且裁减的块数最少呢?

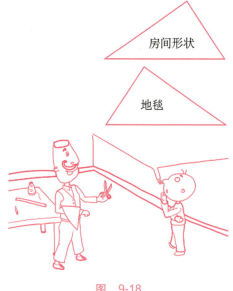

图 9-18

238. 表盘分割

如图 9-19 所示,有一个表的表盘,上面有 1～12 十二个数字,现在要求你将这个表盘分割成 6 部分,使得每一部分上的数字的和都相同,你知道怎么分吗?

239. 切蛋糕

如图 9-20 所示,有一个长方形蛋糕,切掉了长方形的一块(大小和位置随意),你怎样才能笔直地一刀下去,将剩下的蛋糕切成大小相等的两块?

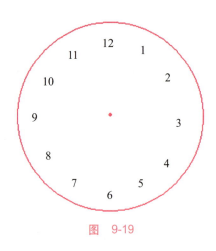

图 9-19

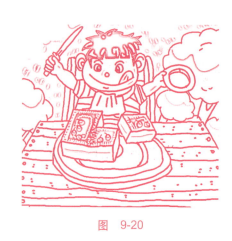

图 9-20

240. 分月亮

如图 9-21 所示,请用两条直线把这个月亮图形分成 6 个部分,你知道该怎么分吗?

241. 幸运的切割

如图 9-22 所示,你能否只用两刀就将这个马蹄形磁铁切成 6 块?

图 9-21   图 9-22

斜向扩展训练营

242. 兄弟分家

一位老父亲死了,给两个儿子留下了一块如图 9-23 所示形状的土地,你能否将这块土地分成大小相等、形状也相同的两部分?

243. 分地

一个财主家里有一块地,形状如图 9-24 所示。他有 3 个儿子,儿子长大后,财主决定把地分成 3 份给 3 个儿子。3 个儿子关系不和,要求每个人的地不仅面积一定要一样大,而且形状也得相同。请问该怎样分呢?

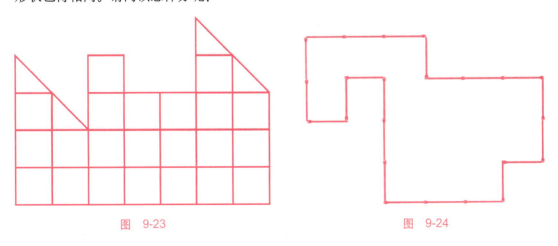

图 9-23   图 9-24

244. 分土地

一个村子有 8 户人家,位置如图 9-25 所示。现在要给每户人家平均分配这些土地,要求每家的土地形状和大小(包括房子所在的地点)都完全一样。你知道该怎么分吗?

245．4 兄弟分家

在一块正方形的土地上住了兄弟 4 人，刚好这块土地上有 4 棵大树，位置如图 9-26 所示，怎样才能把土地平均分给兄弟 4 人，而且每家都有一棵树呢？

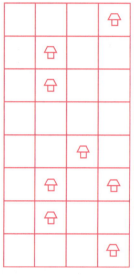

图 9-25

图 9-26

246．分遗产

有一个老员外，他有 4 个儿子，但是他们关系不好。老员外死了以后，4 个儿子闹分家，所有值钱的东西都分完了，还有一个如图 9-27 所示的正方形菜园让他们伤透了脑筋。

中间一点为菜园的中心，在菜园的一侧有 4 棵果树（见上面的 4 个点），4 个儿子都想公平地分这个菜园。也就是说，需要大小、形状都完全一样，而且每个人都能分到一棵树。请问该如何分？

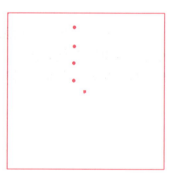

图 9-27

247．财主分田

如图 9-28 所示，4 幅图的每幅图中都有 5 种不同的小图形，每种图形有 4 个。现在将这 4 幅图都分割成形状相同的 4 个部分，且这 5 种小图形每部分各含一个。你知道该怎么分吗？

248．修路

如图 9-29 所示，在一个院子里住了 3 户人家，每户人家正对着的大门是自己家的门。

原来大家都是好邻居，但是后来因为一些小事吵了起来，所以 3 家决定各修一条小路通向自己家的大门，但是又不与其他两家的路有交叉。你有办法做到吗？

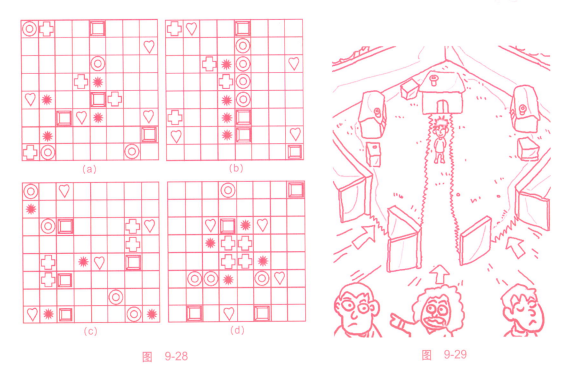

图 9-28

图 9-29

249. 4 等份（2）

如图 9-30 所示，下面是一个画有 4 个圆圈、4 个三角形的圆形纸片，纸片的中间有一个方孔。请问：如何才能把这张纸片切割成大小、形状都相同的 4 份，而且每一份上都有一个圆圈和一个三角？

250. 平分 5 个圆

如图 9-31 所示，图中有 5 个大小相等的圆，通过其中一个圆的圆心 A 画一条直线，把这 5 个圆分成面积相等的两部分。你知道怎么画吗？

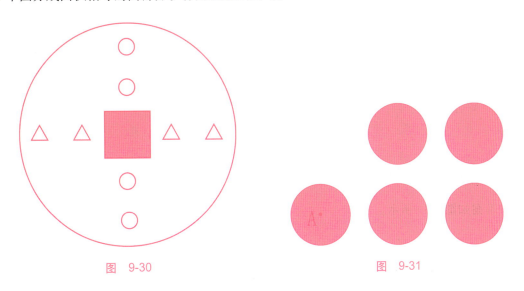

图 9-30

图 9-31

答　案

222．平分图形

答案如图 9-32 所示。

223．2 等份

答案如图 9-33 所示。

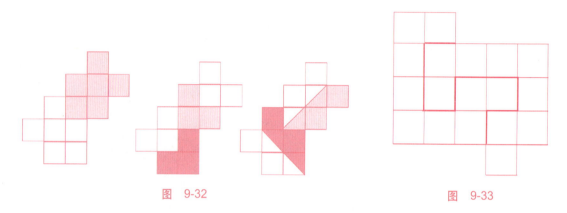

图　9-32　　　　　　　　　　　　　图　9-33

224．连接的图形

答案如图 9-34 所示。

225．3 等份

答案如图 9-35 所示。

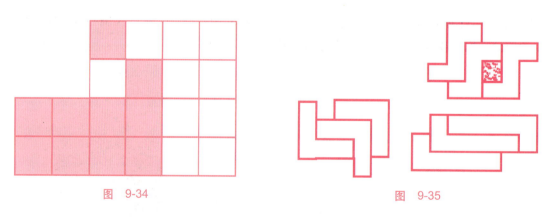

图　9-34　　　　　　　　　　　　　图　9-35

226．分图形

答案如图 9-36 所示。

227．四等分图形

答案如图 9-37 所示。

图 9-36

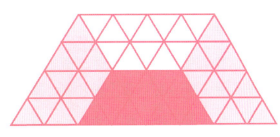

图 9-37

228. 4 个梯形

答案如图 9-38 所示。

229. 分成 2 份

共有 7 种分法,分别如图 9-39 所示。

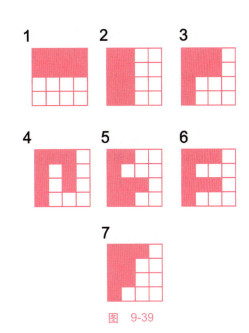

图 9-39

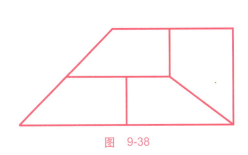

图 9-38

230. 4 等份（1）

答案如图 9-40 所示。

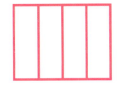 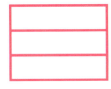 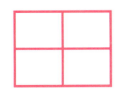 

图 9-40

231. 如何切割拼出正方形

答案如图 9-41 所示。

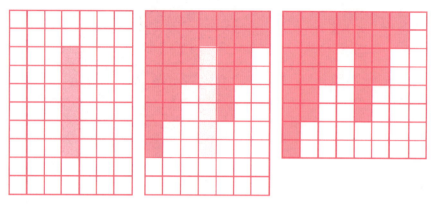

图 9-41

232. 丢失的正方形

5 小块中最大的两块对换了一下位置之后，被那条对角线切开的每个小正方形都变得高比宽大了一点点，这意味着这个大正方形不再是严格的正方形。

它的高增加了，从而使得面积增加，所增加的面积恰好等于那个洞的面积。

233. 怎么多了一块

用相似三角形求比的时候，你会发现小三角形和大三角形的斜边的斜率是不一样的，也就是说中间的那条斜线并不是直线，有些部分是重叠的，而有些部分是空缺的，这就解释了为什么会多出一个小方格。

234. 长方形变正方形

答案如图 9-42 所示。

235. 切割双孔桥

答案如图 9-43 所示。

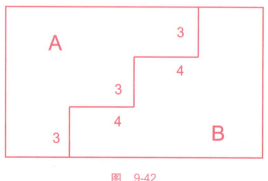

图 9-42

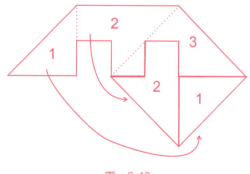

图 9-43

236．拼桌面

答案如图 9-44 所示。

237．裁剪地毯

答案如图 9-45 所示。

因为只有等腰三角形翻过来才能和原来形状一样，所以裁剪方法如图 9-45 所示，先作一条到底边的垂线，再分别连接两腰的中点，这样分成 4 份，构成了 4 个等腰三角形。然后分别翻过来，放在房间的对应位置上，缝起来即可。

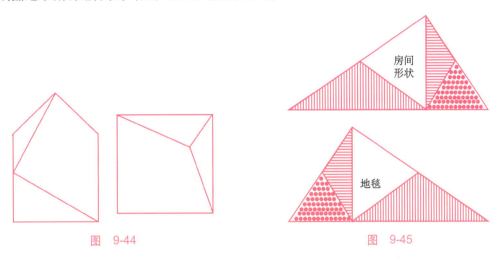

图　9-44　　　　　　　　　　图　9-45

238．表盘分割

按如图 9-46 所示分割即可。

239．切蛋糕

答案如图 9-47 所示。

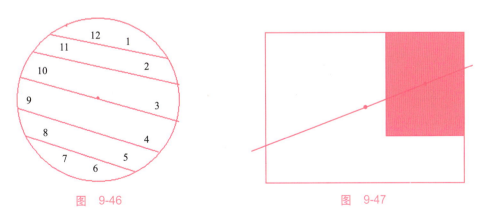

图　9-46　　　　　　　　　　图　9-47

将完整蛋糕的中心与被切掉的那块蛋糕的中心连成一条线。这个方法也适用于立方体。请注意，切掉的那块蛋糕的大小和位置是随意的，不要一心想着自己切生日蛋糕的方式，要跳出这个圈子。

240．分月亮

答案如图 9-48 所示。

241．幸运的切割

答案如图 9-49 所示。

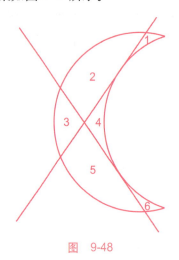

图 9-48

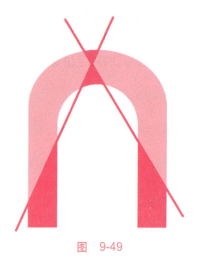

图 9-49

242．兄弟分家

按照如图 9-50 所示分割即可。

243．分地

答案如图 9-51 所示。

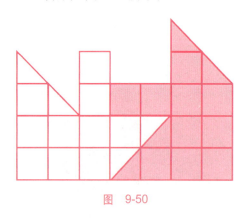

图 9-50

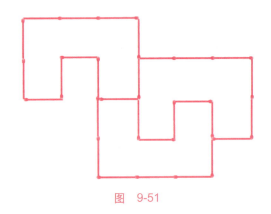

图 9-51

244．分土地

分法如图 9-52 所示。

245．4 兄弟分家

分法如图 9-53 所示（只是其中一种情况）。

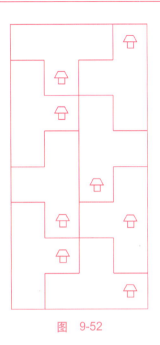

图 9-52

图 9-53

246. 分遗产

分法如图 9-54 所示即可。

247. 财主分田

答案如图 9-55 所示。

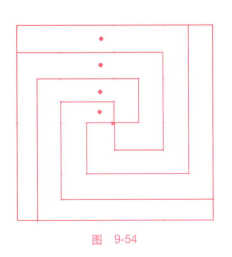

图 9-54

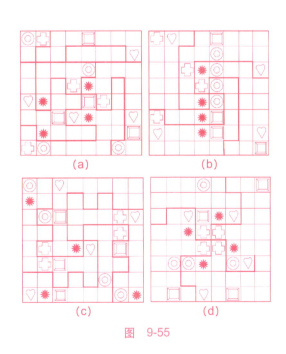

图 9-55

248. 修路

修成如图 9-56 所示道路即可满足条件。

249．4 等份（2）

答案如图 9-57 所示。

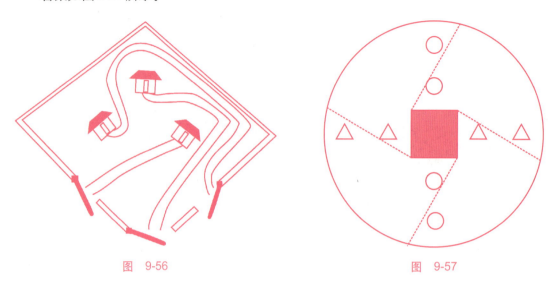

图　9-56　　　　　　　　　　图　9-57

250．平分 5 个圆

如图 9-58 所示，作出几个圆来辅助，即可轻松地将 5 个圆分成面积相等的两部分。

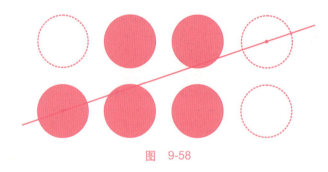

图　9-58

第十章 连 线 问 题

连线问题,是在给出的一些点上,按照特定的游戏规则,画出若干条直线,使其满足题目的要求。它也是一类非常经典的逻辑训练题。

最著名的连线问题当然要数九点连线了,它的题目如下。

如图 10-1 所示,在平面上,有三行三列 9 个点排列。

请问:如何用 4 条连续不断的直线把这 9 个点连起来?

答案如图 10-2 所示。

图 10-1　　　　　　　　　　　　图 10-2

在 9 点连线问题中,给我们的直觉是直线不能延伸到由 9 个点构成的大方格之外,但是没有人说这是一条规则,唯一的限制就是我们脑海中的限制。所以,我们要打破限制,寻求最佳的解决方法。

这个经典的逻辑问题蕴含了一个深刻的寓意,那就是创造性思维——通常意味着要在格子外思考。

如果你将自己的思维局限在 9 个点之内,那么这个问题就将成为不可能完成的任务。

创新也是如此,创造力不仅仅是灵机一动的结果,也不仅仅是各种奇思妙想,它还意味着把我们的思维从阻止它发散开的束缚下解脱出来。我们不能局限于像 9 点所构成的格子那样的陈规,绝不能让已有的知识成为创新的阻碍。

纵向扩展训练营

251．四点一线

如图 10-3 所示,图中有 10 个棋子,移动其中的 3 个,让这 10 个棋子连成 5 条直线,并且每条线都要经过 4 个棋子。

252．12 点连线

如图 10-4 所示，你能用一些线段连接这 12 个点形成一个闭合图形而不让笔离开纸面吗？至少需要几条线段？

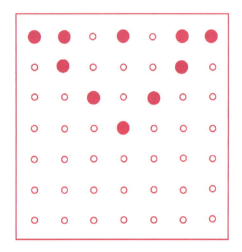

图 10-3   图 10-4

253．16 点连线

如图 10-5 所示，请用 6 条相连的直线把图中的 16 个点连接起来。

254．连线问题

在 9 个点上画 10 条直线，要求每条直线上至少有 3 个点。请问：这 9 个点应该怎么排列？

255．连顶点

如图 10-6 所示，用直线连接一个正三角形的 3 个顶点，要求每个点都要经过，而且必须形成一条闭合曲线，只有一种连法。而连接正方形的 4 个顶点，则有 3 种连法；连接正五边形的 5 个顶点，有 4 种连法……

请问：如果连接正六边形的 6 个顶点，会有多少种连法呢？

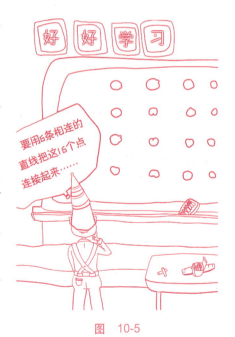

图 10-5

256．连点画正方形

如图 10-7 所示，下面有 25 个排列整齐的圆点，连接某些点可以画出正方形。请问：一共可以画出多少种大小不同的正方形呢？

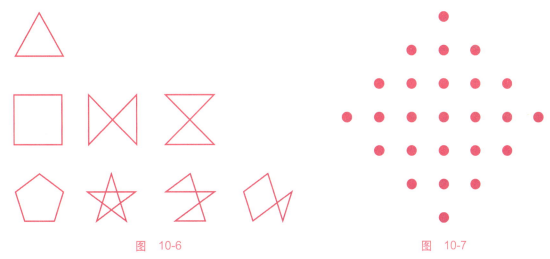

图 10-6 图 10-7

257. 栽树

把 27 棵树栽成 9 行,每行有 6 棵,而且要使其中的 3 棵树单独栽在 3 个远离其他树木的地方。请问:你知道该怎么栽吗?

横向扩展训练营

258. 电路

如图 10-8 所示,下面是一个电路的一部分,请确定哪两根线路是相通的。

259. 迷宫

如图 10-9 所示,你能帮助迷宫中心的小明找到出口吗?

260. 笔不离纸

如图 10-10 所示,桌上有一张 A4 的白纸,请你在笔不离开纸的情况下,把下面这个图形画出来,要求不能重复已有的线条。你知道该怎么画吗?

261. 印刷电路

印刷电路是二维的图。图中的交点能实现电子操作,而电线将电信号从一处传送到另一处。如果电线相交,就会发生短路,装置也将失灵。

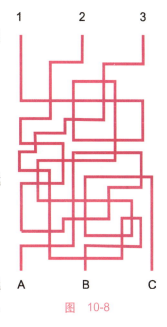

图 10-8

如图 10-11 所示,你能连接这块电路板上标有相同数字的 5 对电路,而不让任何电线相交吗? 连接的电线必须都在区域内。

出口

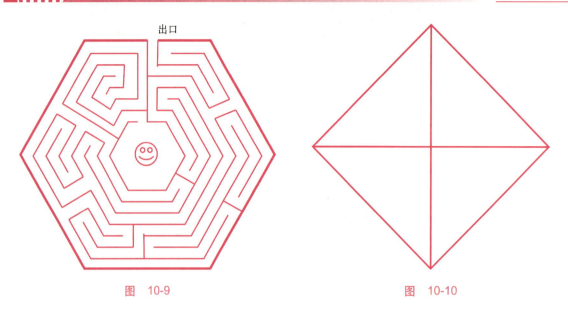

图 10-9

图 10-10

262．修路

如图 10-12 所示，图中的五角星代表村庄的位置，现在需要在这些村庄之间修路，要求路线最短，你知道该怎么修吗？

图 10-11

图 10-12

斜向扩展训练营

263. 连正方形

如图 10-13 所示，用一个正方形把给出的 4 个圆圈连起来，让这些圆圈都在正方形的 4 条边上。你知道该怎么连吗？

264. 最短距离

如图 10-14 所示，在一个圆锥形物体上的 A 点处有一只蚂蚁在爬着，它想从圆锥上绕一圈再回到 A 点。请问：图中给出的路线是它的最短距离吗？

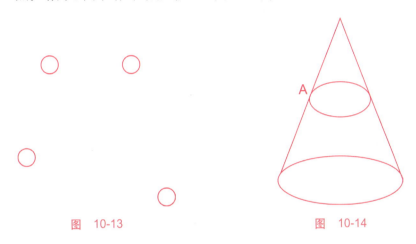

图　10-13　　　　　　　　图　10-14

265. 最短路线

有一个正方体的屋子，在一个角处有一只蜘蛛，它想爬到对角处那个角上去，你能帮他设计一条最短的路线吗？

266. 画三角

如图 10-15 所示，在图的 W 形状中加入三条直线，使形成的三角形数量最多，你知道怎么加吗？

267. 5 个三角形

如图 10-16 所示，在图中添加三条直线，使它变成 5 个小三角形（三角形内部不能有多余的线）。你知道怎么做吗？

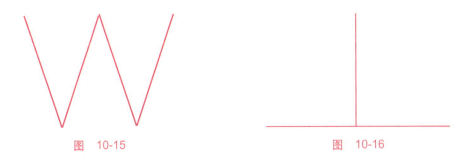

图　10-15　　　　　　　　图　10-16

268．5个变10个

如图 10-17 所示，图中的五角星包含 5 个三角形（只由 3 条边围成，内部没有多余的线）。请在这个图上添两条线，让三角形变成 10 个。当然，新的三角形内部也不能有多余的线。

269．重叠的面积

如图 10-18 所示，这个直角三角形的直角顶点正好与正方形的中心重合。请问：当三角形绕着正方形的中心旋转的时候，重叠的面积什么时候最大？

270．齿轮

如图 10-19 所示，假设下面的 4 个齿轮中，A 和 D 都有 60 个齿，B 有 10 个齿，C 有 30 个齿。请问：A 与 D 谁转得更快一些？

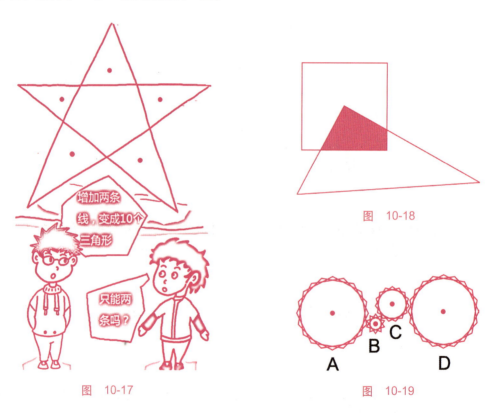

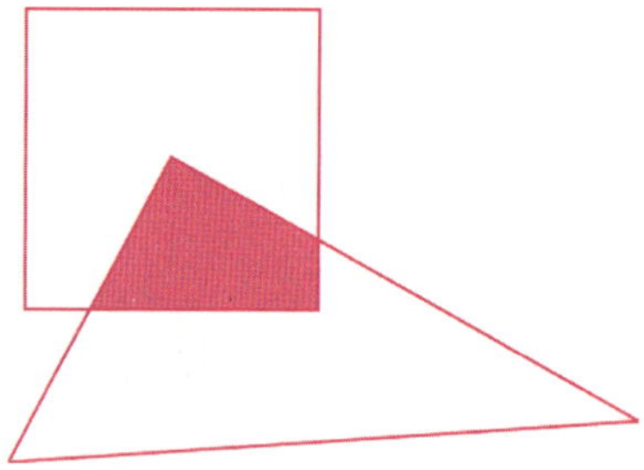

图 10-18

图 10-17

图 10-19

271．传送带

如图 10-20 所示，该图是一组通过传送带相连的齿轮。请问：如果左上角的齿轮顺时针旋转，其他几个齿轮分别怎么旋转呢？

272．运动轨迹

如图 10-21 所示，在一个平面上有一个圆圈，圆圈的正上方有一个黑点。请问：如果这个圆圈在平面上滚动，这个黑点的运动轨迹是什么？

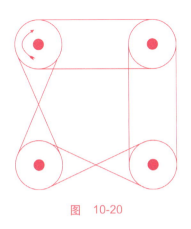

图 10-20

图 10-21

答　案

251．四点一线

答案如图 10-22 所示。

252．12 点连线

一旦获得一个有用的灵感之后,它就可以推广。如果你已经解决了 9 个点的问题,那么更多点的问题的答案就容易得到了。就本题而言,需要用 5 条直线,答案如图 10-23 所示。

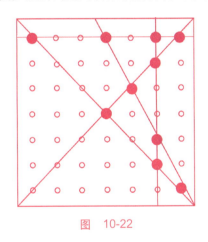

图 10-22

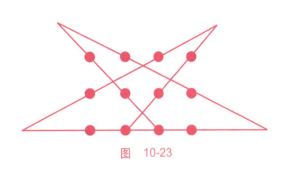

图 10-23

253．16 点连线

答案如图 10-24 所示。

254．连线问题

答案如图 10-25 所示。

255．连顶点

共有 12 种连法,答案如图 10-26 所示。

256．连点画正方形

可以画出 7 种大小不同的正方形，答案如图 10-27 所示。

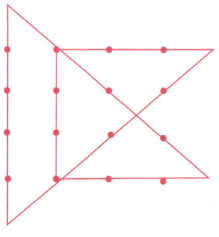

图 10-24

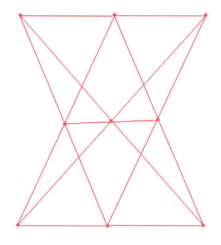

图 10-25

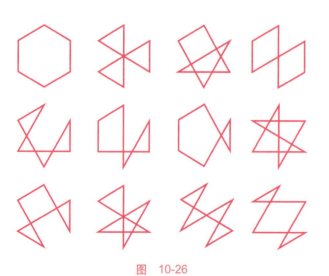

图 10-26

①　②　③　④　⑤　⑥

⑦

图 10-27

257．栽树

答案如图 10-28 所示。

258. 电路

1 与 C、2 与 A、3 与 B 分别是相通的。

259. 迷宫

答案如图 10-29 所示。

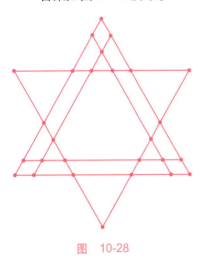

图　10-28

图　10-29

260. 笔不离纸

先把白纸的一个角沿 45° 折起来,然后如图 10-30 (a) 所示,画出 3 条边,然后打开折叠的纸片,这样在白纸上只剩下两条平行的直线。继续画剩下的线条,就可以笔不离纸地画出这个图形了。

261. 印刷电路

答案如图 10-31 所示。

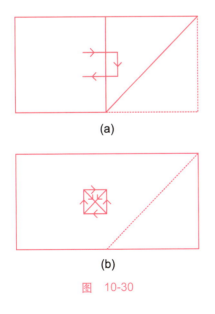

图　10-30

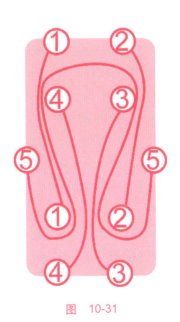

图　10-31

262．修路

答案如图 10-32 所示。

263．连正方形

答案如图 10-33 所示。

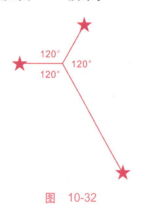

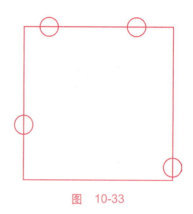

图 10-32

图 10-33

264．最短距离

不是。

答案如图 10-34 所示。把圆锥的侧面展开，这样 A 点到 A_1 点的直线才是蚂蚁经过的最短距离。

265．最短路线

将立方体两个相邻的侧面展开（图 10-35），A 和 B 的连线即是最短路线。

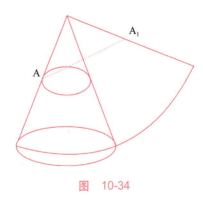

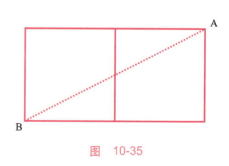

图 10-34

图 10-35

266．画三角

答案如图 10-36 所示。

267．5 个三角形

答案如图 10-37 所示。

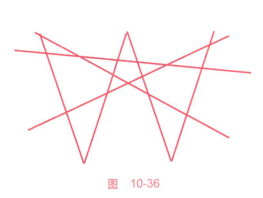

图 10-36

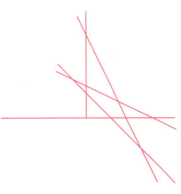

图 10-37

268．5 个变 10 个

这道题有点难,能找到答案已经很不容易了。答案如图 10-38 所示。

269．重叠的面积

如图 10-39 所示,不论三角形转到哪里,重叠的面积大小都不变。因为不论转到什么角度,图中 A、B 两部分永远是全等的,所以重叠部分的面积永远是正方形的 1/4。

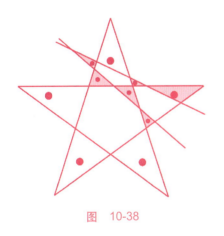

图 10-38

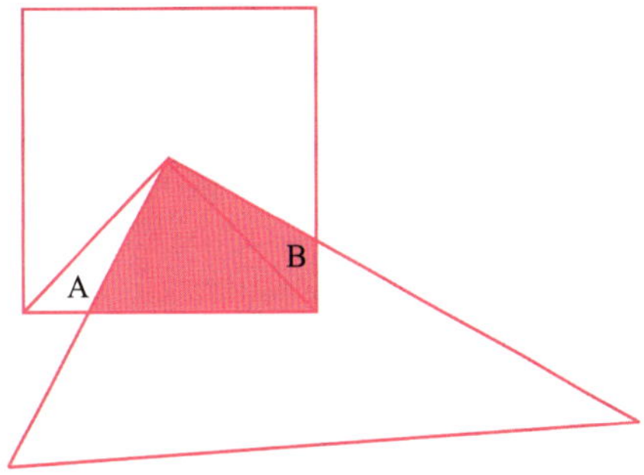

图 10-39

270．齿轮

因为它们的齿数相同,所以转速也相同,与中间连接的齿轮没有关系。

271．传送带

左下角的齿轮逆时针旋转,其他的轮子都是顺时针旋转。

272．运动轨迹

答案如图 10-40 所示。

图 10-40

第十一章 一笔画问题

一笔画问题是一个简单的数学游戏,也是一个几何问题。简单地说,如果一个图形可以用笔在纸上连续不断且不重复地一笔画成,那么这个图形就叫一笔画。

我们常见的一笔画问题,是确定平面上由若干条直线或曲线构成的一个图形能不能一笔画成,使得在每条线段上都不重复。例如汉字"日"和"中"字都是可以一笔画的,而汉字"田"和"目"则不能。当然,如果运用一些特殊的方法,比如采用对折纸张的方法,也是可以画出"田"和"目"的一笔画的。这要看题目的具体要求了。

下面列举一个一笔画的例子。

在古希腊的很多建筑上都有一种特殊的符号,如图 11-1 所示,它是由一个圆和若干个三角形组成的。请问:这个图形可以一笔画出且任何线条都不重复吗?该怎么画?

这就是一个一笔画问题,它可以一笔画出,方法如图 11-2 所示。

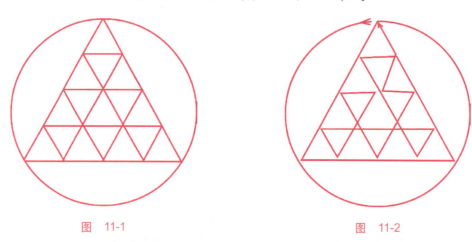

图　11-1　　　　　　　　　　　　　图　11-2

早在 18 世纪,瑞士的著名数学家欧拉就找到了一笔画的规律。欧拉认为,能一笔画的图形首先必须是连通图,也就是说一个图形各部分总是有边相连的。

但是,并不是所有的连通图都是可以一笔画的。能否一笔画出是由图中奇偶节点的数目来决定的。

数学家欧拉找到一笔画的规律如下。

(1)凡是由偶点组成的连通图,一定可以一笔画成。画时可以把任一偶点作为起点,最后一定能以这个点为终点画完此图。

（2）凡是只有两个奇点的连通图（其余都为偶点），一定可以一笔画成。画时必须把一个奇点作为起点，另一个奇点作为终点。

（3）其他情况的图都不能一笔画出（有偶数个奇点除以2，便可算出此图需几笔画成）。

纵向扩展训练营

273．7 桥问题

在哥尼斯堡的一个公园里，有 7 座桥将普雷格尔河中两座岛及岛与河岸连接起来（图 11-3）。图中 A、D 是两座小岛，B、C 是河流的两岸。

请问：是否可能从这 4 块陆地中的任意一块陆地出发，恰好通过每座桥一次，再回到起点？

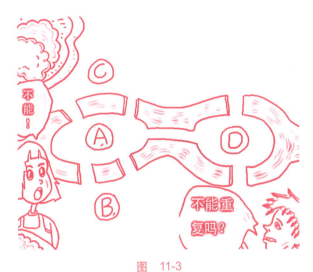

图　11-3

274．欧拉的问题

如图 11-4 所示，要求你一笔画出由黑线勾勒出的完整图样。

你能画出全部 11 幅图吗？如果不能，哪一幅图画不出？

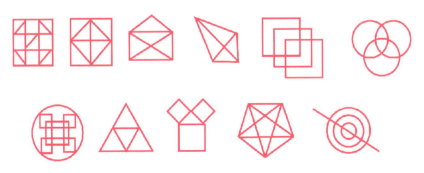

图　11-4

275．一笔画正方形

如图 11-5 所示，拿一支铅笔，你能一笔画出这 5 个正方形吗？不能重复画过的线，也不能穿过画好的线。

276．一笔画

如图 11-6 所示，请用一笔把下面这个图形画出来。你知道该怎么画吗？

图　11-5

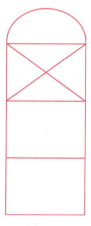

图　11-6

横向扩展训练营

277．送货员的路线

如图 11-7 所示，小明是一个送货员，每天他都从中心的五角星处出发，给各个圆圈处的客户送货，然后返回五角星处。请你帮他设计一条送货路线，使他可以送完所有的货物而不走冤枉路。

278．巡逻（1）

如图 11-8 所示，一个小镇上有三横四竖 7 条街道，一名警察需要每天巡逻这些街道，一条也不能落下。请你帮他设计最佳的路线，使他走的冤枉路最少。

图　11-7

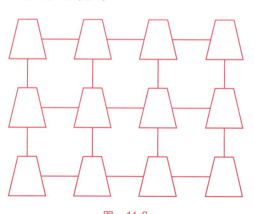

图　11-8

279. 巡逻（2）

有一个城堡如图 11-9 所示，里面的正方形代表城堡内城城墙，外面的正方形代表城堡外城城墙。两个城墙之间是一个狭长的走廊。城堡的国王找了一个大臣，让其设计一个巡逻方案，要求就是走廊里时刻有人在走动巡逻，并使巡逻从不间断。大臣设计了一个方案，如图 11-9 所示：首先 1 号骑士巡逻到 2 号骑士所在地，自己留下后让 2 号骑士向前巡逻。2 号骑士走到 3 号骑士位置停下，3 号骑士继续向前……大臣相信这个方案完全符合君主的要求。

果真如此吗？

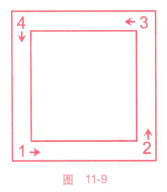

图 11-9

280. 保安巡逻

如图 11-10 所示，这是一个展览馆的平面图，上面标明了有 8×8 共 64 个房间，每两个房间之间都有一道门。A、B、C、D、E 是 5 个保安的位置。每天 18:00，钟楼的钟声会敲响，A 就要穿过房间从 a 出口出去。同样，B 从 b 出口出去，C 从 c 出口出去，D 从 d 出口出去，然后 E 需要从目前的位置走到 F 标记的房间。

上面的规定说不上有什么道理，但是自作聪明的巡逻队长还要求 5 个巡逻队员走的路线绝对不准相交，也就是任何一个房间都不允许有一条以上路线穿过，也不可以遗漏任何一个房间。

你能帮巡逻队员们找出他们各自的路线吗？

281. 巡视房间

如图 11-11 所示，有一个警卫，要在图中的 15 个房间巡视，每两个相邻的房间之间都有门相连。他从入口处进来，需要走遍所有的房间。并且每个房间只可以进出一次，最后走到最里边的管理室，你知道他该怎么走吗？

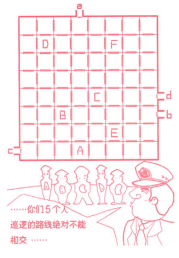

图 11-10

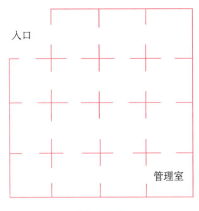

图 11-11

282．如何通过

如图 11-12 所示,这是一幅从办公室上方看到的平面图。你能只转向两次就可以通过所有的房间吗?

283．寻宝比赛

如图 11-13 所示,某电视台组织了一次寻宝比赛,寻找藏在 Z 城的宝物。所有的人先在 A 城集合,然后参赛者们分头去除 A 城和 Z 城以外的其他 9 个城镇寻找线索,每一个城镇都有一条线索,只有把这些线索集中在一起,才会知道那件宝物藏在 Z 城的什么位置。另外有个要求,就是每个城镇只能去一次,不能重复。只有巧妙地安排自己的路线,才能顺利地从 A 城到达 Z 城。图中是 11 个城镇的分布图,城镇与城镇之间只有唯一的一条道路相连。

请问:该怎么走呢?

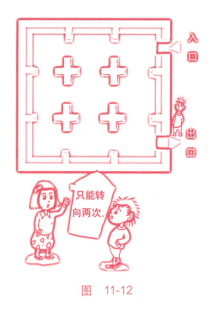

图　11-12

284．消防设备

如图 11-14 所示,图中有 9 座仓库,为了防火,需要在其中的两座仓库分别放置一套防火设备,这样凡是与该仓库直接相连的仓库也可以就近使用。请问:这两套防火设备需要放在哪里?

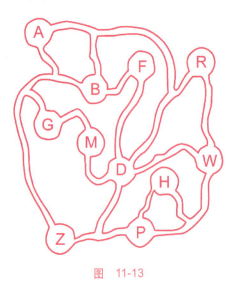

图　11-13

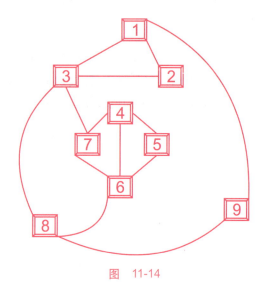

图　11-14

285．猫吃鱼

这只是一个游戏,鱼是不会动的,但猫要吃到所有的鱼也不是十分简单。如图 11-15 所示,猫从 1 号鱼的位置出发,沿黑线跑到另一条鱼的位置,最终把鱼全部吃掉,一条也不留,而且同一个地方不能去第二次。请问:它该怎么走?

286. 寻找骨头

如图 11-16 所示,每间房里都有一块骨头。小狗一次吃完所有的骨头后,从 A 门出来。请问:小狗从 1 ~ 8 中的哪扇门进去,才不会走重复路线(每间房只允许进出各一次,并且不许从相同的一扇门进出)?帮小狗想一想应该怎么走。

提示:从唯一的出口 A 门倒着向前寻找路线,这样成功率就会大一些。

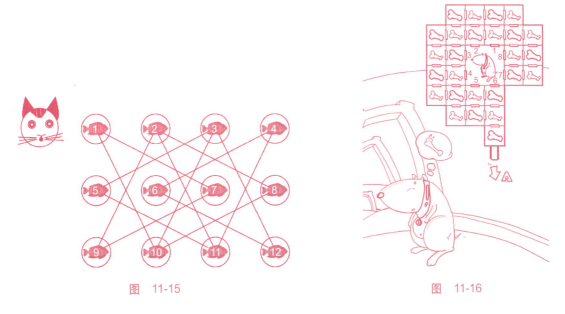

图 11-15 　　　　　　　　　　　　　　　图 11-16

斜向扩展训练营

287. 有向五边形

如图 11-17 所示,这个图形中,每条边都只能沿一个方向走。你能找出一条可以经过全部 5 个点的路径吗?

288. 殊途

如图 11-18 所示,这个难题有一个规则:只能沿着箭头所指的方向走。你能根据规则找到多少条从入口到出口的路径呢?

图 11-17

图 11-18

289. 路径谜题

如图 11-19 所示，依照图中的箭头方向，从起点走到终点共有多少种走法？

290. 车费最低

如图 11-20 所示，点点家住 A 村，他要到 B 村的奶奶家，乘车路线有多种选择，交通工具不同，所需要的车费也就不同。图中标出的数字是各段的车钱（单位：元）。请问：点点到奶奶家最少要花多少元？走的路线是哪一条？

291. 穿越迷宫

如图 11-21 所示，下面这个迷宫很有趣，你只能沿着给定的方向走。请问：从开始到结束，一共有多少条不同的路线可走？

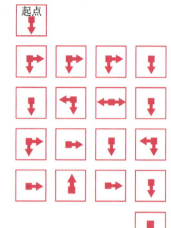

图 11-19

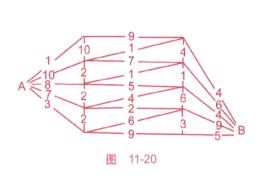

图 11-20

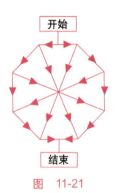

图 11-21

292. 数字路径

如图 11-22 所示，从图中左上角的位置沿着给定的路径（只允许向右或者向下走），最终走到右下角的位置，所经过的数字为 9 个。请问：这 9 个数字的和是 30 的路径有哪几条？

293. 路径

如图 11-23 所示，从 A 点到 F 点一共有多少条不同的路径？（每段都不可以重复通过。）

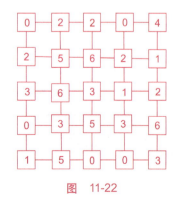

图 11-22

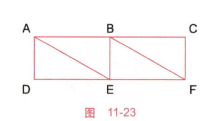

图 11-23

答 案

273．7桥问题

7桥问题（seven bridges problem）是一个著名的古典数学问题。欧拉用点表示岛和陆地,两点之间的连线表示连接它们的桥,将河流、小岛和桥简化为一个网络（图11-24）,把7桥问题化成判断连通网络能否一笔画的问题。他不仅解决了此问题,而且给出了连通网络可一笔画的充要条件：它们是连通的,且奇顶点（通过此点的弧的条数是奇数）的个数为0或2。7桥问题所形成的图形中,没有一点含有偶数条数,因此上述的任务无法完成。

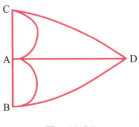

图 11-24

欧拉的这个考虑非常重要,也非常巧妙,它正表明了数学家处理实际问题的独特之处——把一个实际问题抽象成合适的"数学模型"。这种研究方法就是"数学模型方法"。这并不需要运用多么深奥的理论,但想到这一点,却是解决难题的关键。

欧拉通过对7桥问题的研究,不仅圆满地回答了哥尼斯堡居民提出的问题,而且得到并证明了更为广泛的有关一笔画的三条结论,人们通常称为欧拉定理。对于一个连通图,通常把从某节点出发,一笔画成所经过的路线叫作欧拉路。人们又通常把一笔画成回到出发点的欧拉路叫作欧拉回路。具有欧拉回路的图叫作欧拉图。

1736年,欧拉在交给彼得堡科学院的《哥尼斯堡7座桥》的论文报告中阐述了他的解题方法。他的巧解,为后来的数学新分支——拓扑学的建立奠定了基础。

274．欧拉的问题

当莱奥纳德·欧拉解决了哥尼斯堡7桥问题之后,他发现了解决这类问题的普遍规则。诀窍是计算到每个交点或节点的路径数目。如果超过两个节点有奇数条路径,那么该图形是无法一笔画出的。

在这个例子中,路径4和路径5是无法画出的。

如果正好有两个节点有奇数条路径,那么问题就有可能得到解决,也就是要以这两个节点分别为起点和终点,路径7便是这样的图。为了一笔画出它,你必须从底端的一角出发,并回到另一角。

275．一笔画正方形

答案如图11-25所示。

276．一笔画

答案如图11-26所示。

277．送货员的路线

送货员的路线如图11-27所示。

278. 巡逻（1）

答案如图 11-28 所示。

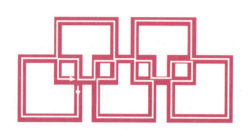

图　11-25

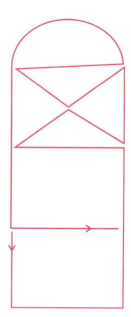

图　11-26

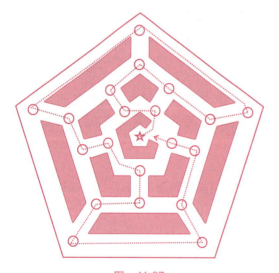

图　11-27

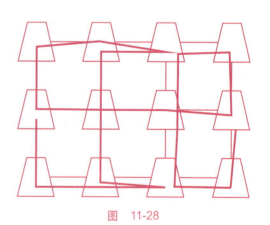

图　11-28

279. 巡逻（2）

遗憾的是，当 4 号骑士到达拐角处时，1 号骑士并不在那里。

280. 保安巡逻

答案如图 11-29 所示。

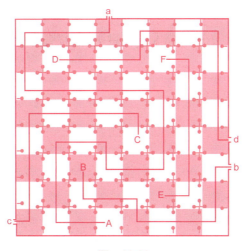

图 11-29

281．巡视房间

如图 11-30 所示标记即可。

282．如何通过

如图 11-31 所示，撞到墙后再转弯。

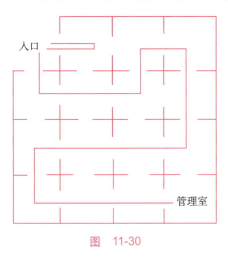

图 11-30

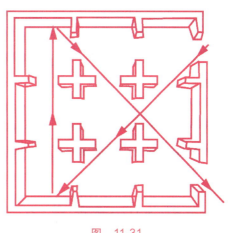

图 11-31

283．寻宝比赛

路线是：A → G → M → D → F → B → R → W → H → P → Z。只有按这条路线走，才能做到从 A ～ Z 的每个城镇走一次而不重复。

284．消防设备

放在 1 号和 6 号仓库即可。

285．猫吃鱼

猫的路线是：1、7、9、2、8、10、3、5、11、4、6、12。

286. 寻找骨头

答案如图 11-32 所示。小狗从第 8 扇门进去,这样能一次吃完所有的骨头且路线不重复。

287. 有向五边形

路径是 5、1、2、4、3。

288. 殊途

有 11 条可行的路径。

289. 路径谜题

15 条。表 11-1 中这个 4×4 的矩形阵显示了图中每一点各有几条路可到。

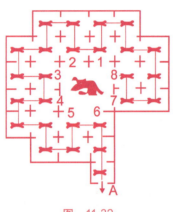

图 11-32

表 11-1

1	1	1	1
3	2	1	2
3	8	10	2
3	3	13	15

290. 车费最低

所花车钱最少需要 13 元。走法:A 村、3 元、2 元、4 元、4 元、B 村。

291. 穿越迷宫

答案如图 11-33 所示。一共有 18 条不同的路线。每个节点处都标出了到达这里不同的路线数。

292. 数字路径

只有一条,是 0+2+2+6+3+5+3+6+3=30,其他的路径都不可以。你找出来了吗?

293. 路径

一共有 9 种不同的路径,你可以自己数一下。

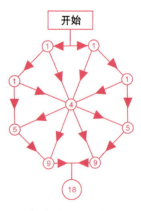

图 11-33

第十二章 悖论与诡辩

悖论,就是按照正确的逻辑思维,却得出矛盾的结果。而诡辩,就是有意地把真理说成错误、把错误说成真理的狡辩。

与诡辩相比,悖论虽然表面看上去违背真理,但在逻辑上是无懈可击的。而诡辩通常是通过偷换概念、混淆事实、颠倒黑白等方式来完成辩论的。所以,诡辩是有漏洞的,而悖论是没有漏洞的,这是悖论与诡辩最大的区别。

下面列举一个经典的悖论。

普罗塔哥拉收了一个有才气的穷弟子,答应免费教授,条件是他完成学业又打赢头场官司之后要付给普罗塔哥拉一笔钱,弟子答应照办。有趣的是,等弟子完成了学业之后,偏不去跟人打什么官司,到处游玩了很久。为了得到那笔钱,普罗塔哥拉就告了弟子一状,要求弟子马上付给他学费。双方在法庭上提出各自的论点。

弟子说:"如果我打赢了这场官司,那么根据判决,我不必付学费。如果我打输了这场官司,那么我还没有'打赢头场官司',而我打赢头场官司之前不必向普罗塔哥拉付学费。可见,不论这场官司是赢是输,我都不必付学费。"

普罗塔哥拉说:"如果他打输了这场官司,那么根据判决,他必须马上向我付学费。如果他打赢了这场官司,那么他就'打赢了头场官司',因此他也必须向我付学费。不论哪种情况,他都必须付学费。"

他俩谁说得对?

这个谜题的关键是把法律的判决和师徒之间的承诺视为具有同等效力,所以变成了一个让人左右为难的问题,很多人不知道该怎么回答。

比较好的回答是:法院可以判弟子胜诉,也就是他不需要马上付学费,因为他还没有打赢头场官司。等这场官司一了结,弟子就欠普罗塔哥拉的债了,所以普罗塔哥拉马上再告弟子一状。这次法院就该判普罗塔哥拉胜诉了,因为弟子如今已经打赢过官司了。

古今中外有不少著名的悖论,它们震撼了逻辑和数学界激发了人们求知和思考,吸引了古往今来许多思想家和爱好者的注意力。解决悖论难题需要创造性的思考,悖论的解决又往往可以给人带来全新的观念。

悖论有以下三种主要形式。

(1) 一种论断看起来好像肯定错了,但实际上却是对的。

(2) 一种论断看起来好像肯定是对的,但实际上却错了。

(3) 一系列推理看起来好像无懈可击,可是却导致逻辑上自相矛盾。

同时假定两个或更多不能同时成立的前提,是一切悖论问题的共同特征。

诡辩在现实中是令人厌恶的,但是在逻辑学的探讨中有相当的位置。孔多塞说:"希腊人滥用日常语言的各种弊端,玩弄字词的意义,以便在可悲的模棱两可之中束缚人类的精神。可是,这种诡辩却也赋予了人类的精神以一种精致性,同时它又耗尽了他们的力量来反对虚幻的难题。"

玩弄诡辩术的人,从表面上来看,似乎能言善辩,道理很多。他们在写文章或讲话的时候往往滔滔不绝,振振有词。他们每论证一个问题,也总是可以拿出许多"根据"和"理由",但是,这些根据和理由都是不能成立的。他们只不过是主观主义地玩弄一些概念,搞些虚假或片面论据,做些歪曲的论证,目的是为自己荒谬的理论和行为做辩护。

纵向扩展训练营

294. 苏格拉底悖论

有"西方孔子"之称的雅典人苏格拉底(公元前 470—前 399 年)是古希腊的大哲学家,曾经与普罗塔哥拉、哥吉斯等著名诡辩家相对。他建立"定义"以对付诡辩派混淆的修辞,从而勘落了百家的杂说。但是他的道德观念不为希腊人所容,竟在 70 岁的时候被当作诡辩杂说的代表。在普洛特哥拉斯被驱逐且书被焚 12 年以后,苏格拉底也被处以死刑,但是他的学说得到了柏拉图和亚里士多德的继承。

苏格拉底有一句名言:"我只知道一件事,那就是我什么都不知道。"

你知道这句话有什么问题吗?

295. 谷堆悖论

如果 1 粒谷子落地不能形成谷堆,2 粒谷子落地不能形成谷堆,3 粒谷子落地也不能形成谷堆,以此类推,无论多少粒谷子落地都不能形成谷堆。这个推理有什么问题吗?

296．全能者悖论

如果说上帝是万能的,他能否创造一块他举不起来的大石头?

297．罗素是教皇

数学家罗素告诉一位哲学家假命题蕴含任何命题。那位哲学家颇为震惊,他说:"尊意莫非由 2 加 2 等于 5 能推出你是教皇?"罗素答曰:"正是。"哲学家问:"你能证明这一点吗?"罗素回答:"当然能。"你知道他是怎么证明的吗?

298．奇怪的悖论

下面看同一个人在不同场合说的三句话。

"宇宙是这么浩瀚,我是如此渺小,在绚丽无边的宇宙里面,我的存在微不足道,我简直什么都不是。"

"我是人类,人类自然要比其他生物高级,因为只有人类具有智慧。"

"天哪,这朵花真是太漂亮了,世界上还有什么东西能比这朵花更动人吗? 这是世上最完美的造物!"

通过这三句话,我们能推理出一个什么奇怪的结论呢?

299．飞矢不动

一次,古希腊的哲学家芝诺问他的学生:"一支从弓射出去的箭是运动的还是静止的?"
学生答道:"那还用说,当然是运动的。"

芝诺道:"的确如此,这是很显然的,这支箭在每个人的眼里都是运动的。现在我们换个思考方式,这支箭在每一个瞬间都有它的位置吗?"

学生答道:"有的,老师,任何一个瞬间它都在一个确定的位置。"

芝诺问道:"在这个瞬间里,这支箭占据的空间和它的体积一样吗?"

学生答道:"是的,这支箭有确定的位置,又占据着和它自身体积一样形状大小的空间。"

芝诺继续问道:"那么在这个瞬间,这支箭是运动的,还是静止的?"

学生答道:"是静止的。"

芝诺道:"在这个瞬间是静止的,那么在其他瞬间呢?"

学生答道:"也是静止的。"

芝诺道:"既然每一个瞬间这支箭都是静止的,所以射出去的箭都是静止的。"
芝诺的这一理论到底错在了哪里?

300．白马非马

战国时期,有一天,公孙龙骑着一匹白马要进城,守门的士兵把他拦下来说道:"本城规定,不许放马进城。"

公孙龙心生一计,说道:"我骑的是白马,并不是马,所以可以进城。"

士兵奇怪道:"白马怎么就不是马了?"

公孙龙道："因为白马有两个特征：第一，它是白色的；第二，它具有马的外形。但是马只有一个特征，就是具有马的外形。一个具有两个特征，一个只具有一个特征，这两个怎么能是一回事呢？所以白马根本就不是马。"

士兵被说得无法回答，只好放公孙龙和他的白马进城。公孙龙也因此而成名，成为战国时期"名家"的代表人物。

公孙龙的话看上去似乎很有道理，要用两个特征来定义的事物确实不等同于只用一个特征就能定义的事物。可是如果我们接受了"白马非马"，那么也能如法炮制地得出"白猫不是猫""铅笔不是笔""橘子不是水果"等结论来。请问：公孙龙"白马非马"的论证到底哪里有问题呢？

301．正直的强盗

一伙强盗抓住了一个商人，强盗头目对商人说："你说我会不会杀掉你，如果说对了，我就把你放了；如果说错了，我就杀掉你。"

商人一想，说："你会杀掉我。"于是强盗把他放了。

你知道这是为什么吗？

302．机灵的小孩

有一群人在路口喧哗，一个小孩子过去看热闹。原来那里有两个人在做游戏，他们的规矩是，一个人说一句话，如果另外一个人不相信的话，就要给说话的人 5 个铜板。这两个人中有一个人比较憨厚，所以输了一些钱，而另一个无赖总是赢钱。于是这个小孩子过去替那个憨厚的人做游戏，并且每次只对那个无赖说同样的一句话，无赖每次只能回答"不相信"，并且给小孩子 5 个铜板。你知道小孩子是怎么说的吗？

横向扩展训练营

303．希腊老师的辩术

有一天，两个学生去请教他们的希腊老师："老师，究竟什么叫诡辩呢？"

希腊老师望了望两个学生，想了一会儿，说："我先给你们出个问题吧。有两个人到我这里做客，一个很爱干净，一个很脏。我请他们两个人洗澡，你们想一想，他们两个人中谁会洗呢？"

在这个问题中，无论两个学生回答什么答案，老师都可以否定他们，从而教会他们什么是诡辩。你知道老师是怎

么说的吗?

304．日近长安远

只有几岁的晋明帝,有一天在他爸爸身边玩耍,正巧碰上从长安来的使臣。

爸爸问他:"你说太阳和长安哪个离你近?"

儿子答:"长安近。因为没有听说过有人从太阳那边来,不就是证明吗?"

爸爸听了很高兴,想把自己的儿子当众夸耀一番。

第二天当着许多大臣的面又问他:"你说太阳和长安哪个离你近?"

"太阳离我近。"这个孩子忽然改变了答案。

晋明帝感到惊奇,便问他说:"你为什么和昨天说的不一样呢?"

你知道他是怎么回答的吗?

305．子非鱼,安知鱼之乐

《庄子》外篇《秋水》中记载着庄子与惠子在壕梁之上观鱼时的一段对话。

庄子曰:"鲦鱼出游从容,是鱼之乐也。"

惠子曰:"子非鱼,安知鱼之乐?"

你知道庄子是怎么回答的吗?

306．钉子精神

公共汽车刚到站停住,一个小伙子推开前面排队候车的人,横冲直撞地挤上公共汽车。一位老大爷对他说:"年轻人,应该学雷锋呀!"

小伙子说:"我这是学钉子精神呀!"

"雷锋钉子精神是这样吗?"老大爷生气地说。

你知道这个小伙子是怎么回答的吗?

307．狡诈的县官

从前有一个县官要买金锭,店家遵命送来两只金锭。县官问:"这两只金锭要多少钱?"

店家答:"太爷要买,小人只按半价出售。"

县官收下一只,还给店家一只。

过了许多日子,他不还账,店家便说:"请太爷赏给小人金锭价款。"

县官装作不解的样子说:"不是早已给了你吗?"

店家说:"小人从没有拿到啊!"

你知道这个贪财的县官是如何说的吗?

308．负债累累

某人负债累累,有一天他家里来了许多讨债的人,椅子、凳子都坐满了,还有的坐在门槛上。这个欠债的人急中生智,俯在坐在门槛上的人的耳朵上悄悄地说:"请你明天早点来。"

那人听了十分高兴，于是站起来把其他讨债的人都劝说走了。第二天一大早，他就急急忙忙来到欠债人家里，一心认为欠债者能单独还债。岂知见面后欠债的人对他说了一句话，气得他一句话也说不出来。

你知道他说了什么？

309．天机不可泄露

从前，有三个秀才进京赶考，途中遇到一个人称"活神仙"的算命先生，便前去求教："我们此番能考中几个？"

算命先生闭上眼睛掐算了一会儿，然后竖起一根指头。

三个秀才不明白是什么意思，请求说清楚一点。

算命先生说："天机不可泄露，以后你们自会明白。"

后来三个秀才只考中了一个，那人特来酬谢，一见面就夸奖说："先生料事如神，果然名不虚传。"还学着当初算命先生那样竖起一根指头说："确实'只中一个'。"

秀才走后，算命先生的老婆问他："你怎么算得这么灵呢？"

算命先生嘿嘿一笑说："你不懂其中的奥妙，无论结果如何我都能猜对。"

你知道这是为什么？

310．父在母先亡

一个有迷信思想的人，请算命先生算一下自己的父母的享寿情况。算命先生照例先问了一遍来人及其父母的出生年月日，然后装模作样地屈指掐算了一会儿，于是回答："父在母先亡。"

这个人听了以后沉思片刻，付钱而去。

为什么求卜者对算命先生的话不怀疑反而付钱而去呢？

311．禁止吸烟

某工厂的一位车间主任看见工人小王上班时在车间里吸烟，就批评他说："厂里有规定，工作时禁止吸烟！"

但是聪明的小王马上说了一句话，让主任无话可说。

你知道小王说了句什么话？

312．辩解

有个县官上任伊始，便在堂上高悬一副对联：

$$得一文天诛地灭$$
$$徇一情男盗女娼$$

但是，实际上他却贪赃枉法。有人指责他言行不一，忘记了誓联。

你知道他是怎么辩解的吗？

313．立等可取

一天上午，小李到一家国营钟表修理店修表，修表师傅接过手表看了看说："下午来取。"

小李说："怎么还要下午取呢？店门外挂的牌子上不是写着'立等可取'吗？"

你知道修表师傅是如何辩解的吗？

斜向扩展训练营

314．我被骗了吗

在我小学的时候有件事情让我困惑了很久，并让我从此迷上了逻辑。那天一大早，我哥哥就过来和我说："弟弟，今天我要好好骗你一回，做好准备吧，哈哈。"

我从小就很争强好胜，所以那一整天我都提防着他，不想被他成功骗到。但是直到那天晚上要睡觉了，哥哥都没有再和我说过一句话，更别说骗我了。妈妈看我还不睡，问我怎么了？

我把早上的事情说了一下，妈妈就把哥哥叫来说："你就别让弟弟等着不睡觉了，赶快骗一下他吧。"

哥哥回过头问我："你一整天都在等着我骗你吗？"

我说："是啊。"

他说："可我没骗吧？"

我说："是啊。"

他说："这不得了，我已经把你给骗到了。"

那天晚上我在自己的床上翻来覆去想了很久，我到底有没有被骗呢？

315．被小孩子问倒了

上大学时，我去一位教授家拜访。教授有两个孙子，一个6岁，一个8岁。我经常给那两个孩子讲故事。

一次，我吓唬他们说："我会一句魔法咒语，能把你们俩全变成小猫哦。"

没想到他两一点儿也不怕,反而很感兴趣地说:"好啊,把我们变成小猫吧。"

我只好支吾道:"可是……变成小猫后就没法变回来了。"

小的那个孩子还是不依不饶:"没关系的,反正我要你把我们变成小猫。"

大的那个孩子说道:"那你把这句咒语教给我们吧。"

我答道:"如果我要告诉你们咒语是什么,我就把它念出声了,你们就变成小猫了。而且不光是你们两个会变成小猫,所有听到的人都会变成小猫,连我自己也不例外。"

小的那个孩子说:"那可以写在纸上嘛!"

我答道:"不行,不行,就算只是把咒语写出来,看到的人也会变成小猫的。"

他们似乎信以为真,想了一会儿觉得没意思了就去玩别的了。

如果你是这个孩子,你会怎么反驳我呢?

316.酒瓶

小赵、小钱、小孙、小李 4 个人是同学,他们常聚在一起讨论问题。有一天 4 个人同桌吃饭,为桌上的半瓶酒争论起来。

小赵说:"这瓶子一半是空的。"

小钱说:"这瓶子一半是满的。"

小孙说:"这有什么好争的,半空的酒瓶就等于半满的酒瓶。"

你知道小李该如何诡辩,才能找出半空的酒瓶和半满的酒瓶之间的区别吗?

317.自相矛盾

楚国有一个卖矛和盾的商人,他一会儿拿起盾来夸耀说:"我的盾坚固无比,任何锋利的东西都穿不透它。"

一会儿又拿起矛来夸耀说:"我的矛锋利极了,什么坚固的东西都能刺穿。"

你知道该怎么反驳他吗?

318.打破预言

一天,一位预言家和他的女儿发生了争吵。女儿大声说道:"你是一个大骗子,你根本不能预言未来。"

预言家争论道:"我当然能预言未来,不信我现在就可以证明给你看。"

女儿想了一下,在一张纸上写了一些字,然后把这张纸折起来压在一本书下面,说道:"我刚在那张纸上写了一件事,它在十分钟内可能发生,也可能不发生。请你预言一下这件事究竟会不会发生,在这张卡片上写下'会'或'不会'。如果你预言错了,你明天要带我去吃冰激凌好吗?"

预言家一口答应:"好,一言为定。"然后他在卡片上写下了他的预言。

如果你是这个女儿,你该写什么问题使自己获胜呢?

319. 聪明的禅师

佛教《金刚经》中最后有四句话：一切有为法,如梦幻泡影,如露亦如电,应作如是观。

有一天,佛印禅师登坛说法,苏东坡闻讯赶来参加,座中已经坐满听众,没有空位了。禅师看到苏东坡时说:"人都坐满了,此间已无学士坐处。"

苏东坡一向好禅,马上针锋相对回答禅师说:"既然此间无坐处,我就以禅师四大五蕴之身为座。"

禅师看到苏东坡与他论禅,就说:"学士！我有一个问题问你,如果你回答得出来,那么我老和尚的身体就当你的座位；如果你回答不出来,那么你身上的玉带就要留给本寺作为纪念。"

苏东坡一向自命不凡,以为必胜无疑,便答应了。

接着,禅师说了一句话,问得苏东坡哑口无言,只好把玉带留在了金山寺。

你知道禅师问的是什么问题吗？

320. 锦囊妙计

小刘从乡下到城里打工,虽然自认为很聪明,但是找了几个用人单位,都嫌他学历不够,不肯录用他。在城里待了没几天,钱都花光了,两顿饭没吃。他听人说有个饭店老板很爱逻辑学,就想去碰碰运气。到了饭店的时候,正好赶上老板闲来无事。

小刘对老板说:"我想问你两个问题,你只能回答'是'或者'不是',不能用其他的语句。但在正式提问以前,我要同你预先讲好,你一定要听清楚之后再郑重回答,而且两个问题的答案都必须在逻辑上是完全合理的,不能自相矛盾。"

老板好奇地看着小刘,小刘接着说:"如果你同意我的条件,我问完这两个问题,你会心甘情愿地请我吃顿饭的。"

听完小刘的话,老板的兴趣更大了,就答应了他的要求。

结果,不但老板心甘情愿地请小刘吃了顿饭,而且还让他在自己的店里工作。你知道小刘的两个问题是什么吗？

321. 吹牛

有一群人在聊天,一个人总是喜欢吹牛,他说:"我昨天刚发明了一种液体,无论是什么东西,它都可以溶解。这是世界上最好的溶剂,我明天就去申请专利,我很快就要发财了。"别的人感觉很惊讶,虽然不信,但是不知道如何反驳。这时一个小孩子说了一句话,那个人立刻傻眼了,谎言不攻自破。你知道小孩是怎么说的吗？

322．遗传性不孕症

一个病人到一家新开的诊所就诊。

病人："大夫，我结婚 10 年了，到现在还没有孩子。"

医生："据我诊断，你应该是遗传性不孕症，你最好查一下你的家谱。"

请问：医生的结论事实上可能存在吗？

323．修电灯

小王请一位做电工的朋友来家中帮助修理电灯，可是等到了半夜还没有人来。第二天，小王找到这位朋友。

小王说："昨天不是说好了来我家修电灯吗？你怎么没来呢？"

朋友说："我去了，可是你家没人。"

小王说："不可能，我一直在家等到半夜。"

朋友说："怎么会呢？我到你家门外一看，屋里黑咕隆咚的，连灯都没开，我就走了。"

你知道这到底是怎么回事吗？究竟是谁的问题呢？

答　　案

294．苏格拉底悖论

这是一个悖论，我们无法从这句话中推论出苏格拉底是否对这件事本身也不知道。

古代中国也有一个类似的例子："言尽悖"。

这是《庄子·齐物论》里庄子说的。后期墨家反驳道：如果"言尽悖"，庄子的这个言难道就不悖吗？我们常说："世界上没有绝对的真理。"我们不知道这句话本身算不算是"绝对的真理"。

295．谷堆悖论

从真实的前提出发，用可以接受的推理，但结论则是明显错误的，它说明定义"堆"缺少明确的边界。它不同于三段论式的多前提推理，在一个前提的连续积累中形成悖论。从没有堆到有堆中间没有一个明确的界限，解决它的办法就是引进一个模糊的"类"。

最初它是一个游戏：你可以把 1 粒谷子说成一堆吗？不能；你可以把 2 粒谷子说成一堆吗？不能；你可以把 3 粒谷子说成一堆吗？不能。但是你迟早会承认一个谷堆的存在，你从哪里区分它们？

它的逻辑结构如下：

1 粒谷子不是一堆。

如果 1 粒谷子不是一堆，那么，2 粒谷子也不是一堆。

如果 2 粒谷子不是一堆，那么，3 粒谷子也不是一堆。

……

如果 99 999 粒谷子不是一堆，那么，100 000 粒谷子也不是一堆。

因此，100 000 粒谷子不是一堆。

按照这个结构,无堆与有堆、贫与富、小与大、少与多都曾是古希腊人争论的话题。

296．全能者悖论

这是一个流传很广的悖论。如果说能,上帝遇到一块"他举不起来的大石头",说明他不是万能;如果说不能,同样说明他不是万能。这是用结论来责难前提。

这个"全能者悖论"的另一种表达方法是:"全能的创造者可以创造出比他更了不起的事物吗?"

类似的还有:

永享幸福与有一块面包相比,哪个好?

你可能会选永享幸福,其实不然。毕竟,没有东西比永享幸福更好的吧。有一块面包总比没有东西好吧,所以说,有一块面包要比永享幸福好。

297．罗素是教皇

他立即写出了下面这个证明:

(1)假设 2+2=5。

(2)由等式两侧减去 2,得出 2=3。

(3)易位后得出 3=2。

(4)由两侧减去 1,得出 2=1。

于是,教皇与我是两人。既然 2 等于 1,教皇与我是一人,因此我是教皇。

298．奇怪的悖论

这三句话本来都没什么问题,可是如果把它们组合起来,我们就得到一个很奇怪的结论:花朵是完美的,"我"比花朵更高级,可"我"又什么也不是。

我想我们的潜意识里几乎都会存在类似这样的一个奇怪的悖论。演绎推理的前提必须是在相同的背景下假设出来的,不同前提是不能放在一起的。

所以,演绎推理一定要弄清楚前提,否则就可能推理出错误的结论,甚至会闹出笑话。

299．飞矢不动

把芝诺的话精简一下就是:从弓射出去的箭在任何一个时刻里都有一个确定的位置,所以在这个位置上它是静止的,而这支箭在所有的时刻里都是静止的,所以箭是不运动的。这个结论初看起来似乎很有道理,但显然严重违背了我们观察到的现实。那么芝诺的这一套逻辑究竟错在了哪里呢?

错就错在他错误地使用了排中律。他认为箭在每一个时刻都不是"运动"的,根据排中律,箭在每个时刻就都是"静止"的。但实际上,"运动"和"静止"本来就是和时间有关的概念,脱离了时间流动单看某个时刻,这两个概念就没有意义了,或者至少和原本的意义不一样了,因此,箭在任何时刻都"静止"并不妨碍它在一段连续的时间里是运动的。

排中律的运用非常广泛,比如我们在论证过程中经常用的"反证法""枚举法"等。特别是那些"逻辑思维测验题",都或多或少地运用到了排中律。

300．白马非马

实际上问题出在对"是"这个概念的定义上。在生活中，"A 是 B"有两种解释。

（1）A 等同于 B。

（2）A 属于 B。

当我们说"白马是马""橘子是水果"的时候，实际用的是第二种解释，即"白马属于马""橘子属于水果"。而公孙龙则巧妙地把这里的"是"偷换成第一种解释，再论证"白马"和"马"并不等同，所以这是利用日常语言的局限而进行的诡辩。

301．正直的强盗

推理一下：如果强盗把商人杀了，他的话无疑是对的，应该放人；如果放人，商人的话就是错的，应该杀掉，又回到前面的推理，这是一个悖论。聪明的商人找到的答案使强盗的前提互不相容。

302．机灵的小孩

小孩说："你欠了我 10 个铜板。"如果无赖的回答是相信，他要给小孩 10 个铜板，还不如回答不相信而赔 5 个铜板划算。

303．希腊老师的辩术

学生脱口而出："那不用说，当然是那个脏的人先洗。"

希腊老师摇摇头："不对，是干净的人去洗，因为他养成了爱清洁的习惯，而脏的人却不当回事儿，根本不想洗。你们再想想看，是谁洗澡了呢？"学生忙改口："爱干净的人！"

"不对，是脏的人，因为他需要洗澡。"老师反驳后再次问学生，"这么看来，谁洗澡了呢？""脏的人！"学生只好又改回开始的答案。

"又错了，当然是两个都洗了。"老师说，"爱干净的人有洗澡的习惯，脏的人有洗澡的必要，怎么样，到底谁洗了呢？"学生眨巴着眼睛，犹豫不决地说："那看来就是两人都洗了。""又错了！"希腊老师笑着回答："两个都没有洗。因为脏的人不爱洗澡，而干净人不需要洗澡。"

学生问："那……老师你好像每次说得都有道理，可每次的答案都不一样，我们该怎样理解呢？"老师回答："这很简单，你们看，这就是诡辩。"

304．日近长安远

儿子答："为什么说太阳离我近呢？因为我抬头能望见太阳，却望不见长安呢！"

群臣听了，都趋炎附势地夸他说得有道理。

305．子非鱼，安知鱼之乐

庄子反问道：子非我，安知我不知鱼之乐？

惠子和庄子关于是否知道游鱼快乐的问答都带有诡辩的性质。首先，作为正确的提问，惠子应对庄子说他怎么知道鱼快乐呢；而惠子却又加上了一个前提：庄子不是鱼，怎么能知道鱼快乐呢？这就构成了一个省略推理,省略的大前提是：凡鱼以外的事物,都不能知道鱼快乐。

其次,作为正确的回答,庄子应当说明自己为什么知道鱼快乐的理由。庄子避开了正面回答,而是抓住了惠子的"子非鱼,安知鱼之乐"这句话,反问惠子不是庄子本人,怎么知道庄子不知道鱼的快乐呢？这个反问也构成了一个省略推理,省略的大前提是：凡不是我的人,都不能知道我知道鱼的快乐。

306．钉子精神

小伙子狡辩道："我是学习钉子的精神,钉子精神就是要有挤劲和钻劲。"

307．狡诈的县官

县官拍案大怒道："大胆刁民,本官要你两只金锭,你说只收半价,我已把一只还给了你,就折合那一半的价钱,本官何曾亏了你！"

308．负债累累

他说："昨天劳你坐门槛,甚是不安,今天早来,可先占把椅子。"

这时,那讨债的人才发现欠债的人毫无还债之意,意识到自己上了当。

"你明天早点来"这句话,其字面上的含义是清楚的。但是,由于欠债的人故意制造了一个特殊的语言环境,即背着其他讨债的人偷偷地对坐在门槛的人说这句话,这就引导对方产生误解：认为欠债的人没有那么多的钱一下子还清所有的债,而是暗示要先还欠自己的债。果然,这个讨债的人中了诡计。

309．天机不可泄露

竖起一根指头,可以做出多种解释：如果三人都考中,那就是"一律考中"；要是都没有考中,那就是"一律落榜"；要是考中一人,那就是"一个考中"；要是考中两人,那就是"一人落榜"。不管事实上是哪种情况,都能证明他算的是对的。

310．父在母先亡

这是因为"父在母先亡"这句话有歧义,人们对它可以有不同的理解,或者说它可以表达不同的判断：①父亲尚在,母亲已经去世；②父亲先于母亲而亡,即母亲尚在,父亲已经去世。而且这两种解释不仅适用于现在,也适用于过去和将来。如果求卜者的父母实际上都已去世,那么算命先生会说,我说的是过去的事；如果求卜者的父母都还健在,则算命先生会说,我说的是将来的事；如果求卜者当前父在母不在或者母在父不在,那么算命先生也会做出解释。总之,不管是什么情况,求卜者都会觉得算命先生的话是对的。实际上,算命先生是故意玩弄歧义句的诡辩来骗人。

311．禁止吸烟

小王漫不经心地回答说："当然,我现在没有在工作啊。"

312．辩解

县官辩解道："我没有违背誓言啊，因为我得到的不是一文钱，受贿徇情也不是一次啊！"那副誓联的原意是：即使我贪污一文钱也要天诛地灭，即使我徇一次私情也是男盗女娼。这两个判断分别蕴含着：如果贪污多于一文钱就更是天诛地灭，如果多次徇私情就更是男盗女娼。而这位县官却把誓联曲解为：只有贪污一文钱才天诛地灭，只有徇一次私情才是男盗女娼。这是故意地偷换了命题，以此为自己的贪污受贿的丑行辩护。

313．立等可取

修表师傅不耐烦地说："你站着等到下午取，也是'立等可取'！"

在日常用语中，"立等可取"表示时间快或时间短，它表达了这样一个众所周知的判断："你稍等一会儿即可取走。"而这位修表师傅却故意把它歪曲为"你只要一直站着等下去，就可以取走"。经过这样的歪曲，不仅等到下午，而且等到任何时间，只要能拿到手表，都是"立等可取"。

314．我被骗了吗

如果我没有被骗，那么我一整天都因为哥哥早上的话而在空等，也就是被哥哥骗了；如果我被骗了，那我明明就等到了我所等的事，又怎么能说我被骗了呢？这样，我那天到底是被骗了还是没有被骗呢？

你有更好的解释吗？我到底有没有被骗？

315．被小孩子问倒了

大约过了一个月，我又去拜访那位教授。大的那个孩子见到我就问："大哥哥，有件事我老想不通，想问问你。"

我说："什么事啊？"

他说："上次你说的那句咒语，当初你是怎么学会的啊？"

316．酒瓶

小李说：不对。如果"半空的酒瓶等于半满的酒瓶"这个等式能够成立，那么我们把等式两边都乘以2：半空的瓶乘以2，等于两个半空的瓶，而两个半空的瓶就是一个空瓶；半满的瓶乘以2，等于两个半满的瓶，而两个半满的瓶就是一个装满酒的瓶。这样，岂不是一个空酒瓶等于一个装满酒的酒瓶吗？

317．自相矛盾

这时旁边有人问他："用你的矛刺你的盾，结果会怎样呢？"这个卖矛和盾的人哑口无言。

318．打破预言

女儿只需在纸条上写："我爸爸会在卡片上写下'不会'两字。"即可获胜。

因为如果预言家在卡片上写的是"会"，他预言错了，在卡片上写"不会"两字这件事并没有发生。但如果他在卡片上写的是"不会"呢？说明他的预言错了。因为写"不会"就表示他预言卡片上的事不会发生，但它恰恰发生了：他写的就是"不会"两字。

319. 聪明的禅师

佛印禅师就说："四大本空，五蕴非有，请问学士要坐哪里呢？"

禅者认为我们的色身（佛教用语，一般人叫身体）是由地、水、火、风四大假合（佛教用语，可参考百度百科），没有一样实在，不能安坐，因此苏东坡的玉带输给了佛印禅师，至今仍留存于金山寺。

320. 锦囊妙计

第一个问题是：如果下一个问题是你愿意或不愿意请我吃顿饭，你的答案是否和这个问题一样？第二个问题是：你是否愿意请我吃顿饭？

如果老板的第一个问题的答案是"是"，那第二个问题小刘必须回答"是"，他就能免费吃到饭了。

如果老板的第一个问题答"不是"，那第二个问题小刘还必须答"是"。所以小刘总能免费吃一顿。

321. 吹牛

小孩说："那么，你用什么去装这种液体呢？"

322. 遗传性不孕症

不可能，因为不孕症是不可能遗传的，否则他是哪里来的呢？

323. 修电灯

因为小王家的灯坏了，才叫朋友来修的。朋友不该看到屋子里黑咕隆咚的，因为无法开灯就判断家中没有人。

参 考 文 献

[1] 黎娜 . 哈佛给学生做的 1500 个思维游戏 [M]. 北京：华文出版社，2009.

[2] 黎娜，于海娣 . 全世界优等生都在做的 2000 个思维游戏 [M]. 北京：华文出版社，2010.

[3] 余式厚 . 逻辑盛宴：名家名题 [M]. 北京：北京大学出版社，2012.

[4] 佚名 . 帽子颜色问题 [J]. 快乐学数学：初中版，2009(12).

[5] http://blog.csdn.net/vincentxu/article/details/1837967.